나는 풍요로웠고, 지구는 달라졌다

나는 풍요로웠고, 지구는 달라졌다

1판 1쇄 발행 2020. 9. 7.
1판 27쇄 발행 2024. 6. 3.

지은이 호프 자런
옮긴이 김은령

발행인 박강휘
편집 임솜이 디자인 홍세연 마케팅 정희윤 홍보 반재서
발행처 김영사
등록 1979년 5월 17일 (제406-2003-036호)
주소 경기도 파주시 문발로 197(문발동) 우편번호 10881
전화 마케팅부 031)955-3100, 편집부 031)955-3200 팩스 031)955-3111

값은 뒤표지에 있습니다.
ISBN 978-89-349-9030-7 03450

홈페이지 www.gimmyoung.com   블로그 blog.naver.com/gybook
인스타그램 instagram.com/gimmyoung 이메일 bestbook@gimmyoung.com

좋은 독자가 좋은 책을 만듭니다.
김영사는 독자 여러분의 의견에 항상 귀 기울이고 있습니다.

이 도서의 국립중앙도서관 출판예정도서목록(CIP)은 서지정보유통지원시스템 홈페이지
(http://seoji.nl.go.kr)와 국가자료종합목록 구축시스템(http://kolis-net.nl.go.kr)에서
이용하실 수 있습니다.(CIP제어번호 : CIP2020034134)

나는 풍요로웠고 지구는 달라졌다

호프 자런
김은령 옮김

THE·STORY·OF·MORE

김영사

"호프 자런은 과학이 기다려왔던 목소리다."

— 〈네이처〉

"반경 10광년 내에서 생명이 존재하는 유일한 행성일 지구와 인류 간의, 생사를 건 투쟁에 관한 최고의 설명. 멋지게 시니컬하고 술술 읽힌다."

— 에드워드 O. 윌슨

"우리는 어떻게 유한한 지구에서 사는 방법을 배울 수 있을까? 이 책에서 호프 자런은 지금 가장 중요한 질문을 던진다. 유용하고 사려깊으며, 무엇보다 지금 꼭 필요한 책이다."

— 엘리자베스 콜버트, 《여섯 번째 대멸종》의 저자

"팩트로 독자를 난타하며 죄의식을 일으키는 최근의 기후 책들과는 사뭇 다르다. 호프 자런은 빙판 위에서 스케이트 날이 속삭이듯 얼음조각을 일으키며 흔적을 남기는 것처럼 섬세하게 글을 쓴다."

-〈뉴욕 타임스 북 리뷰〉

"호프 자런은 글쓰기, 소통, 자연과 과학에 대한 열정을 예
술적으로 엮어낸다. 비범한 작가다."

-악셀 팀머만, IBS 기후물리연구단장

"지구와 더불어 사는 우리는 지구와 한 가족이지만 한 번도
가족처럼 따뜻하게 지구의 안녕을 물어본 적이 없다. 우리
는 그동안 풍요롭게 식량과 에너지를 지구로부터 얻었으며
지구는 그저 말없이 모든 것을 제공해왔다. 그러나 지구는
과연 안녕할까? 우리는 이 책을 통해 지구의 형편을 비로소
세세하게 들여다볼 수 있게 되었다. 이 책의 커다란 장점은
관측과 실험으로 얻어진 신뢰할 만한 자료를 토대로 검증
된 내용에 기초하고 있다는 것이다. 그러니 기후 연구자들
중에 여기에서 다루는 내용을 부정하는 이들은 거의 없을
것이라 본다. 또 호프 자런은 과학적인 현상을 자신의 경험
과 결합하여 문학적으로 서술하고 있어, 독자들은 책을 읽
으며 지구와 정서적으로 가까워지는 느낌을 받을 것이다.
기후위기를 초래한 어른들뿐 아니라 더 오랜 시간 지구와
관계를 맺을 청소년들에게도 권하고 싶다. 지구는 무엇을
이야기하고 있는가. 귀 기울여 듣고, 그에 응답할 때다."

-하경자, 부산대 대기환경과학과 교수, 기후과학연구소장

"우리는 풍요로웠으나 지금처럼 산다면 앞으로는 결코 풍요로울 수 없을 것이다. 지구가 달라졌기 때문이다. 호프 자런은 이미 일어난 일에 대해 말한다. 지난 50년간 우리가 먹고 싸고 일하고 에너지를 소모해온 방식에 관한 이야기다. 무지막지하게 탐욕적인 방식이었던 탓에 겨우 50년 만에 지구 환경은 크게 달라졌다. 한편 세계적인 불평등의 지형은 크게 달라지지 않았다. 어떤 이들이 너무 많이 누리고 버리는 동안 어떤 이들은 여전히 절망적인 빈곤 상태에 있으며, 동물들은 대규모로 학살되고 식물들의 개체수가 줄고 지구는 더 뜨거워졌다. 저자는 더 누렸던 사람으로서 그리고 과학자로서 책임감을 가지고 정확한 데이터를 제시하며 이야기를 전개한다. 덜 소비하고 더 많이 나눠야 한다고. 그것만이 우리가 우리 스스로를 구하는 방법이므로. 나는 호프 자런의 지성에 힘입어 세계의 변화를 탐구한다. 그의 명료한 문장을 따라 카메라를 줌 인하고 줌 아웃하며 지구의 이곳저곳을 본다. 이 공부를 사랑하는 이들과 함께 하고 싶다. 새로운 풍요를 모색하고 싶다. 지구를 더 이상 망치지 않는 풍요를."

— 이슬아, 작가, 〈일간 이슬아〉 발행인

나의 모어母語인 영어로 이 책이 출간된 것은 2020년 3월
이었다. 얼마나 흥분했던지. 책 출간을 앞둔 몇 달 동안은
디자인을 결정하고 마지막 오탈자를 잡아내느라 정신이
없었다. 그 전에는 이 책을 쓰기 위해 길고 긴 자료 조사를
하며 행복한 몇 달을 보냈다. 그동안 사무실 창문으로 마당
을 내려다보며 가을날 낙엽이 떨어지는 것을, 눈보라가 몰
아치는 것을, 마지막으로 늘 그렇듯 온 세상이 모두 초록으
로 돌아오는 것을 지켜보았다. 잠깐씩 백일몽을 꾸는 사이
에 데이터를 내려받고 또 내려받으며, 짧다고 할 수 있는
내 인생 50년 동안 일어났던 소비와 폐기물, 기후 변화의
패턴을 보여주는 각종 수치들을 찾았다.

　　분석을 통해 정신이 번쩍 드는 결과가 나타났지만 작
업은 즐거웠다. 지난 50년 동안 전 세계 인구가 두 배로 증
가하고 식량 생산은 세 배로 증가했으며 에너지 소비는 네
배가 되었다. 한국의 경우, 이 비율은 훨씬 더 극적이다. 지
난 50년 동안 인구는 60퍼센트 증가했고 에너지 소비는 열
배, 화석 연료 사용은 아홉 배 증가했다. 이런 모든 변화가
되돌릴 수 없는 심각한 기후 문제를 야기했다고 결론을 내

린 나는 내가 할 수 있는 가장 명확하고 솔직한 방식으로 모든 내용을 적어갔다. 그리고 드디어 《나는 풍요로웠고, 지구는 달라졌다The Story of More》가 독자들을 만날 시간이 다가왔다. 마침내 3월이 되어 초판이 서점에 배본되었고, 나는 들떠서 어쩔 줄 몰랐다.

《나는 풍요로웠고, 지구는 달라졌다》가 출간된 바로 그 주, 전 세계에서 코로나19 양성 판정을 받은 사람의 수가 하루에 1천 명을 넘어섰다. 그다음 주, 이 수치는 하루에 1만 명으로 늘어났다. 3월이 끝나기 전 한국에서는 확진자가 1만 명 가까이 발생했고, 유럽에는 온통 이동제한령(봉쇄령)이 내려졌다. 내가 살고 있는 노르웨이에서도 직장이 문을 닫았고 학교도 휴교에 들어갔으며, 대중교통은 의료진이나 공무원 등에 한해서만 이용이 허락되었다. 우리는 식료품을 사러 가거나 약국에 갈 때를 제외하고는 며칠간 내내 집에 머물러 있었다.

이 글을 쓰고 있는 8월 20일은 《나는 풍요로웠고, 지구는 달라졌다》가 출간된 지 정확하게 170일 되는 날이다. 현재 코로나19는 유럽에서 더 이상 확산세에 있지는 않다. 일하고 운동하고 공부하기 위해 우리는 머뭇거리며 집을 나와 공공장소로 향한다. 다시 정비해야 할 것이 많다. 2020년에는 경제의 거의 모든 면이 큰 타격을 입었다. 게다가 우리는 여전히 백신과 치료제, 바이러스 퇴치를 기다리고 있다. 이런 진전이 이루어질 때까지 우리는 우리의 상호작용을 재조정해야 할 것이다.

언젠가 이 사회가 코로나19 이전의 '정상적인' 상황으로 돌아가고 난 후, 예전에 그랬던 것처럼 에너지를 많이 소비하고 음식물을 많이 낭비하며 환경에 큰 해를 가하게 될지 종종 질문을 받는다. 코로나바이러스 봉쇄령을 통해 내가 배운 가장 중요한 것에 대해 나는 이렇게 대답한다. 직장과 가족, 그리고 내 삶을 위해 꼭 '필요했던' 일들, 이를테면 우리가 수년간 해왔던 운전하고 사람 만나고 물건을 사고 비행기를 타고 쇼핑하고 여행하는 일 등의 대다수가 해도 되고 안 해도 되는 '선택적인' 일이었다. 좋든 싫든, 훨씬 더 좋든 더 나쁘든, 우리는 지난 50년 동안 계속해서 익숙해져 있었던 소비의 습관 없이 몇 달을 지내왔고, 대부분은 잘 이겨냈다.

곧 내가 몸담고 있는 대학도 다시 문을 열 것이고 나도 일하러 돌아갈 것이다. 조금 거리를 두어야 하겠지만, 다른 사람들과 부대끼며 생활할 날을 기대하고 있다. 이 책이 한국을 다음 번 행선지로 삼았다는 사실에 기뻐하며, 내가 쓴 책을 누군가 내가 이해하지 못하는 언어—아쉽게도!—로 읽어줄 때의 아름다운 소리, 다른 세상의 소리를 상상하고 있다. 다시 말하자면, 지금 나는 이 책이 담고 있는 희망적인 메시지를 훨씬 더 강하게 믿게 되었다. 문제를 만들어내는 인간의 능력 어딘가에 그 문제를 해결할 수 있는 능력 또한 숨어 있으니까.

내가 아는 모든 사람과 마찬가지로, 나는 코로나19를 싫어하고 두려워하기도 하며 우리에게 이런 일이 일어나지 않았기를 바라지만, 한국의 위대한 시인 유치환은 희망이 해진 주머니로도 흘러간다고* 이야기하지 않았던가(원시의 맥락에서는 시적 화자의 곤궁한 처지에 대한 소회가 담긴 표현으로 읽을 수 있으나, 호프 자런은 영역된 시를 읽으며 이를 좀 더 희망적으로 해석했다. 보내온 원문은 다음과 같다. Hope can flow even into a torn pocket. ─옮긴이). 적어도 한 세대에서는 처음으로, 우리는 잠시 멈춰 서서 속도를 늦추고, 손대지 않고 내버려두고, 없이 살게 되었다. 이를 통해 우리는 그렇게 해야만 할 때, 그렇게 할 수 있는 사람이 되는 것이다.

* 친구가 친절하게 번역해준 유치환의 시 〈향수〉에 있는 한 구절.

어머니를 위해
그리고
아버지 덕분으로

차례

1부   생명

2부   식량

3부   에너지

생명

온 우주는 변화이고,
인생은 의견이다.

－마르쿠스 아우렐리우스 안토니누스(121~180년)

①
우리의 이야기가
시작되다

나는 태양과 태양 에너지에 투자했습니다.
이 얼마나 대단한 힘의 원천입니까!
이 문제를 해결하기 전에
석유와 석탄이 고갈되는 일은 없기를 바랍니다.
– 토머스 에디슨이 헨리 포드와 하비 파이어스톤에게(1931)

내가 태어나기 전부터 유명 인사들이 지구 환경 변화에 관해 논쟁을 벌여왔다.

90년쯤 전, 전구를 발명한 남자가 자동차를 발명한 남자와 타이어를 발명한 남자에게 재생 가능한 에너지에 관해 소개하고 있었다. 나는 그들이 정중하게 고개를 끄덕이며 손에 들고 있던 음료를 마시고는 다시 지구에 자동차가 굴러가게 하는 이야기로 돌아가는 장면을 상상해본다. 그 후 수십 년 동안 포드자동차가 만들어 판 3억 대 이상의 자동차는 석유 100억 배럴을 태워 없앴고 석유를 써서 만드는 타이어 12억 개 이상을 갈아치웠다.

이것이 전부는 아니다. 1969년, 노르웨이의 탐험가

베른트 발헨Bernt Balchen은 북극을 덮고 있는 얼음층이 점점 얇아지는 것을 발견했다. 북극해가 녹아 외해로 흘러들면 기후 패턴이 바뀌게 되고, 10년에서 20년 정도 지나면 북미 지역에서 농업이 불가능해질 수도 있다고 그는 동료들에게 경고했다. 〈뉴욕타임스〉가 이 이야기를 보도하자 미 해군의 월터 휘트먼Walter Whittmann은 비행기로 매달 북극 위를 날고 있지만 얼음이 녹는 그 어떤 증거도 보지 못했다며 발헨의 이야기를 일축했다.

대부분의 시대에 대부분의 과학자에게 일어나는 일이다. 발헨의 주장은 옳기도 했고 **동시에** 틀리기도 했다. 1950년대 이후 북극해를 항해해온 잠수함들은 20세기 들어 북극해의 얼음이 심각하게 얇아졌고 1999년에 이르러서는 얼음의 두께가 거의 절반 정도로 얇아진 것을 목격할 수 있었다. 발헨의 이야기가 신문 지면을 장식한 지 50년이 지났지만 북극 얼음이 녹으며 초래한 심각한 효과가 아직 미국 농업에서는 등장하지 않고 있다. 엄밀히 따지자면 이는 휘트먼 역시 어느 정도는 틀리고 동시에 어느 정도는 옳았다는 의미이다.

과학자들이 틀렸을 때 놀라서는 안 된다. 인간은 누구나 앞으로 무슨 일이 일어날지 예측하는 것보다 지금 무슨 일이 일어나고 있는지 설명하는 것을 훨씬 잘한다. 이런 과정에서 사람들은 과학자는 뭔가 다를 것이라고, 항상 옳을 것이라고 기대하게 된다. 하지만 과학자들이라고 늘 옳지는 않기에 사람들은 그들의 말에 귀 기울이는 일을 그만두었고, 이제는 과학자들이 몇 번이고 반복해 말하는 것들에 관해서도 귀 기울이지 않을 정도로 단련되었다.

이를테면 화석연료 사용을 중단하자는 것은 새로운 제안이 아니다. 셸 정유사 소속의 지질학자 M. 킹 허버트M. King Hubbert는 현재 우리의 '피할 수 없는 화석연료의 고갈'이 문제로 등장하기 전인 1956년부터 미국은 원자력 에너지에 적극적으로 관심을 가져야 한다는 글을 열정적으로 쓰기 시작했다. 허버트는 콜로라도주 기반암에서 우라늄을 채굴하는 것이 석유와 석탄을 태우는 것보다 훨씬 더 지속 가능하다고 믿었는데, 그는 석유는 2000년, 석탄은 2150년에 생산 피크에 이를 것이라고 예측했다. 이 역시 맞기도 했고 틀리기도 했다.

발헨은 휘트먼에 대항해 싸우고 허버트는 여전히 자기주장을 내세우던 1969년으로 잠시 돌아가보자. 나로서는 1969년을 기억하지 못하지만, 다른 해와 마찬가지로 수많은 시작과 끝, 문제와 해결책으로 가득했던 한 해였다. 이미 흘러가버린 그 이전의 시간이나 이후 찾아올 시간과 마찬가지로 말이다.

지금 창밖으로 보이는 나무 대부분은 1969년에는 기껏해야 씨앗이었을 것이다. 월마트는 1969년에 세워진 후 세상에서 가장 많은 직원을 고용하는 기업이 되었다. 〈세

서미 스트리트〉는 1969년 방송을 시작해 수백만 명의 아이들에게 숫자를 세고 철자를 바로 쓰는 법을 알려주었다. 대단한 일들도 시작은 사소했고, 이후 세상을 바꿀 정도로 점점 더 커진 것이다.

1969년 오염된 카이어호거Cuyahoga강에 화재가 발생해 애크런과 클리블랜드 사이에 서식하는 모든 물고기가 죽었고, 〈타임〉지 보도의 영향으로 미국 환경보호국EPA이 탄생했다. 같은 해 캘리포니아 샌타바버라 연안의 정유 시설에서 10만 배럴 이상의 원유가 유출되어 그곳의 모든 해양생물체가 죽었는데, 이 사건은 지금 전 세계 여러 나라가 지키고 있는 '지구의 날'을 만드는 계기가 되었다.

그렇다면 이제 북쪽으로 향해, 미네소타주 모어 카운티로 관심을 돌려보자. 나의 부모들은 별 주의를 기울이지 않았겠지만, 나는 1969년 9월 27일 태어난 1,000만 명 중 한 명이었고, 네 아이 중 막내였다. 이 아이는 다른 세상에서 살게 될 거야. 행복한 출산 후 찾아오는 가장 흥분된 상태에서 내 부모님은 세상의 모든 엄마와 아빠가 하는 그 오래된 맹세를 서로 나누었다.

나는 아버지로부터 받을 수 있는 모든 사랑을 받았고, 어머니가 받았어야 할 모든 사랑을 받았다. 어머니는 결심했다. 이 아이는 자유롭게 자라도록 할 거야. 배고픔으로부터 자유롭고, 지역사회의 보살핌을 받아야 하는 곤경으로부터 자유롭게 자라도록 할 거야. 아버지는 우리 모두를 질병과 결핍으로부터 구해줄 기술의 새로운 세기를 고대했다. 그 이전에도 존재했고 이후 세대에도 존재할 수백만 쌍의 커플과 마찬가지로, 부모님은 자신들이 살고 있는 세상을 보았고 자신들이 원하는 세상에 관해 생각했다. 부모님은 서로를 사랑하며 의지했고, 나에게 호프Hope라는 이름을 붙여주었다. 우리 부모님 역시 맞기도 했고 틀리기도 했다.

40년이 지나 2009년, 내가 속한 학부의 학장이 나를 사무실로 부르더니 기후변화에 관한 수업을 해달라고 부탁했다. 나는 한숨을 쉬며 의자 깊숙이 몸을 구겨 넣었다. 사람들이 자신의 에너지 사용량을 살피도록 하는 일은 누군가에게 금연을 시키거나 몸에 좋은 음식을 먹도록 만드는 것과 마찬가지였다. 사람들은 자신이 무얼 해야 하는지 이미 잘 알고 있지만, 수십억 달러 규모의 관련 산업들이 24시간 내내 작동하며 사람들로 하여금 에너지 절약이나 금연이나 건강한 식생활에 성공할 수 없다고 확신하게 만들 새로운 방법을 고안해내고 있었다. 에디슨과 포드, 파이어스톤, 발헨과 휘트먼과 허버트, 세이건과 고어를 비롯해 이미 이 문제를 제기했던 유명한 남성들에 관해 생각하지 않을 수 없었고, 그 과정에서 솔직히 말해 나 같은 여성 연구자에 관해 생각해보지는 못했다. 그날 출근하며 몰고 온 자동차를 생각했고, 그 차에서 얼마나 끔찍하게 기름이 새는지 생각했다. 그러다가 나에게 무언가 이야기할 것이 있나 궁금해졌다.

학장 사무실을 떠나 내 실험실로 돌아와 부루퉁하니 화가 나서 동료인 빌과 상의했다. 이 모든 일의 무의미함에 관해 이야기한 후 빌에게 도대체 왜 내가 이런 일을 시도라도 해야 하는지 물었다. 내 말이 끝날 때까지 참을성 있게 기다리던 빌은 언제나처럼 짧은 격려의 말을 해주었다. "그게 바로 너의 일이니까. **닥치고 가서 할 일을 해.**"

빌은 여러 가지 면에서 예외적이라 할 수 있다. 적어도 그는 맞을 때가 틀릴 때보다 훨씬 많은 편이다. 늘 그렇듯, 그는 핵심을 찔렀다. 내가 이 문제를 너무 심각하게 생각한 것이었다. 그냥 내가 해야 하는 일을 하기로 결심한후, 상사의 요구를 액면 그대로 받아들이기로 했다. 책상에 앉아서 컴퓨터를 켜고 **변화**에 관해 리서치를 시작했다. 그후 몇 년에 걸쳐 지난 반세기 동안 인구가 얼마나 늘었는지, 농업이 얼마나 집중화되었는지, 에너지 사용량이 얼마나 치솟았는지 보여주는 데이터를 정리했다. 공공 데이터베이스에 접속해 온갖 숫자와 스프레드시트 파일 더미를 내려받았다. 수십 년 인생 동안 오가는 데이터 속에서 패턴을 찾아온 나였다. 내가 이해할 수 있는 가장 확고하고 정확한 용어로 세상의 변화를 수량화해보기로 작정했고 그러면서 많은 것을 배우게 되었다.

이 리서치는 내가 여러 번 개설했던 수업의 토대가 되어주었다. 학기 중 매주, 나는 분필을 들고 강의실에 가득 찬 학생들에게 1970년대 내가 어린아이였던 시절 이후 지구라는 별이 어떻게 변해왔는지 보여주는 수치에 대해 가르쳤다. 나는 이미 일어난 일에 대해 가르쳤다. 아마 일어났을 거라고 추측한 내용을 가르치지 않았다. 일어났어야 했다고 생각하는 것을 가르치지도 않았다. 나 스스로 공부해 배운 것들을 학생들에게 가르쳤다. 이렇게 내 일을 하면서, 마침내 내가 왜 이 일을 하고 있는지 이해하기 시작했다. 지금 우리가 어디 있는지 인식한 후에라야 이곳이 우리가 있고 싶어 했던 곳인지 스스로에게 적절하게 질문할 수 있기 때문이다.

바로 지금 이 순간, 나는 내가 태어난 나라가 뒷걸음질 치는 것을 목격하고 있다. 미국은 파리협정을 걷어차버렸고 환경보호국은 거의 해체 지경에 이르렀으며 농무부는 엉망이 되고 있다. 지난 10년 넘게 내 연구실의 온실가스 연구 자금을 후원해주었던 에너지부는 기후변화에 관한 대부분의 업무를 중단한 상태이고, 나사(미항공우주국) 역시 비슷한 압력을 받고 있다. 나는 2016년 미국을 떠나 이곳 노르웨이로 왔다. 이곳에서 연구실을 열면 훨씬 더 나은 지원을 받을 수 있을 것이라고 믿었기 때문이며 미국 과학의 미래에 대해 우려했기 때문이다.

이 모든 일 때문에 나는 지금이야말로 강의실에서 벗어나 이 책을 통해 지구환경 변화에 관해 이야기할 때라고 확신했다. 스스로가 옳다고 생각하는 과학자이기 때문이 아니라, 언어와 숫자에 공평한 애정을 지닌 작가이자 해야 할 이야기가 있는 교사이기 때문이다.

그러니, 여러분이 들어주신다면 나의 세상에, 당신의 세상에, 우리 모두가 속한 이 세상에 무슨 일이 일어났는지 이야기할 것이다. 이 세상은 변해버렸다.

②
우리는
누구인가

수많은 종족의 인간이 널리 퍼져 있었음에도,
풍요로운 지구의 표층을 억압하며 살았던 시대가 있었다.
— 스타시누스, 〈퀴프리아〉(기원전 750년경)

예수가 탄생하기 1,800년 전, 메소포타미아 사람들은 자신들이 생각하는 한에서 세계라 할 수 있는 티그리스·유프라테스강이 자리한 계곡 지역에 인구가 점점 늘어가는 것을 보며 지구가 충분한 음식과 물과 피난처와 공간을 공급하지 못하게 될 것을 크게 우려했다. 당시 메소포타미아의 가장 큰 도시였던 바빌론의 시인들은 "세상은 가득 차고, 사람들은 급속히 늘어나며, 세상은 야생의 들소처럼 포효했다"라는 이야기를 쏟아냈다. 문명의 소음으로 인해 잠을 빼앗긴 신들은 기근과 질병이라는 방법으로 몇 번이나 되풀이해 인간의 수를 줄였다. 이런 시들은 기원전 1800년쯤에 쓰였는데 당시 전 세계 인구는 1억 명 정도였을 것으로 추산된다. 그 후 1,000년이 흐르는 동안, 세상의 인구는 두 배가 되었다.

아리스토텔레스는 정치가라면 한 나라에 "얼마나 많은 수의 사람과 어떤 종류의 사람"이 존재해야 하는지 결정해야 한다고 믿었다. "지나치게 인구가 많으면" 제대로 된 질서 상태를 유지하기 힘들기 때문에 아리스토텔레스는 주로 여성의 행동을 통제하는 결혼 생활의 규칙을 강조했다. 저서인 《정치학Politics》에서 그는 여성들은 너무 일찍 결혼해서는 안 되지만("그런 기질의 여성은 무절제하기 쉬우므로") 또 아이를 너무 늦게 낳아서도 안 된다고("아이들은 비슷하게 완벽한 상태로 태어나야 하므로") 했다. 덧붙여 아리스토텔레스는 남자아이 양육에 관한 긴 지시 사항을 남기기도 했는데, 그곳에는 오늘날의 헬리콥터 부모가 비교적 느긋해 보일 정도의 내용이 자세히 담겨 있다. "남자아이들은 아주 어렸을 때부터 추위에 단련되도록" 키워야 한다는 것이 그의 주장이었는데, 2,000년이 지나 비슷한 입장을 갖게 된 미네소타의 내 부모님은 민주주의와 마찬가지로 이 주장 역시 고대 그리스가 기원이라는 사실은 알지 못했을 것이다.

만일 세상이 이 간단한 규칙을 따른다면 인구는 적절히 억제되어 세상 모든 사람이 영구적으로 "삶의 필수품"을 공급받을 수 있을 것이라고 아리스토텔레스는 강조했다. 그가 이런 이야기를 글로 쓴 것은 전 세계 인구가 2억 5천만 명 정도였던 기원전 330년이었는데, 이로부터

1,000년이 지난 후에 전 세계 인구는 다시 두 배가 되었다.

쉬제Suger라는 이름의 중세 수도원장은 고딕 건축의 창시자로 알려져 있지만, 그의 진짜 목표는 헌금을 모으는 것이었다. 중세 전성기의 인구 폭발을 맞아 놀랍게 늘어난 회개자들을 수용하기 위해 그는 생드니 성당을 확장하고 싶어 했다. 그가 남긴 기록에 따르면 성당 입구가 너무나도 복잡해 "남자들의 머리를 보도로 삼아 그 위로 여성들이 제단을 향해 달려갔고" 그 바람에 마룻바닥에 갖가지 신실한 핏자국이 남게 되었다. 쉬제가 이런 기록을 남긴 것은 전 세계 인구가 5억 정도에 달했던 1148년이었다. 이때로부터 500년이 지난 후, 전 세계 인구는 다시 두 배가 되었다.

인구에 관한 과민반응을 다음 단계로 발전시킨 것은 《인구론An Essay on the Principle of Population》을 쓴 토머스 로버트 맬서스Thomas Robert Malthus였다. 그는 식량 생산의 어떠한 진전이, 아니 모든 진전이 인구 증가를 야기시켜 결국 결핍 상태로 돌아갈 것이라고 주장했다. 맬서스는 지구가 영원히 인구과잉 상태로 고생할 것이며, 사람들이 먹는 한 입 한 입이 문제를 더욱 심각하게 만들 것이라고 생각했다. 그가 《인구론》을 발표한 1798년 당시 전 세계 인구는 10억을 향해 가고 있었고 이후 각종 팸플릿과 기사, 연구 자료, 논문에서 맬서스의 주장을 담느라 수많은 나무가 잘려 나갔다. 그럼에도 불구하고 그 후 100년 동안 전 세계 인구는 다시 두 배로 늘어났다.

맬서스가 경종을 울린 지 50년쯤 지나 존 스튜어트 밀John Stuart Mill은 맬서스의 식량 안보에 관한 논의를 확대시켰고, 덜 실재적인 재화와 서비스를 포함시켜 "인구과잉으로 인해 부가되는" 더 광범위한 경제적 불이익에 관해 고민했다. 저서인 《정치경제학 원리Principles of Political Economy》에서 그는 집단적인 제로섬 게임에 대해 설명했다. "그 어떤 문명 상태에서도, 인구가 너무 많으면 그 수가 줄어들기 전까지는 모두에게 필요한 것을 제대로 공급할 수 없다." 1848년 그가 이런 주장을 했을 때, 전 세계 인구는 15억이었다. 그다음 세기가 되자 전 세계 인구는 다시 두 배가 되었다.

셸 정유사에서 일하는 동안 원자력 에너지의 도입 필요성을 강조했던 M. 킹 허버트에 관해서는 이미 이야기한 바 있다. 당시 많은 사람과 마찬가지로 허버트는 인구 조절에 강박적으로 매달렸다. 그 자신은 자녀가 없었지만 다른 사람들이 자녀를 몇 명이나 두어야 하는지는 잘 알고 있었던 것 같다. 동료 여성이 결혼한다는 이야기를 듣자 그는 바로 달려가서 이렇게 말했다. "이봐요, 당신은 아이를 둘 낳을 수 있어요. 터울을 두고 순차적으로 둘을 낳거나 한 번에 둘을 낳거나. 하지만 둘 이상은 안 돼요." 내가 태어난 해이기도 한 1969년, 작은 여자아이가 한 명 더해져서 전 세계 인구가 35억 명에 이른 그해에 허버트는 이런 아이디어를 미국 과학아카데미에 제안했다. 그때부터 지금까지, 말하자면 내가 태어나 지금껏 살아오는 동안에 지구상 인구는 다시 두 배가 되었다.

오늘, 나와 이 책을 읽는 독자들은 70억 명에 이르는 사람들과 이 세상을 공유하고 있다.

그런데 인구과잉에 대한 강력한 반감만으로 인구 증가를 막기는 어렵다고 이야기하는 입장들을 살펴보면, 어떤 패턴을 발견할 수 있다. 앞서 소개한 위대한 사상가들이 결코 고민하지 않았던 것 중 하나가 사회 속 여성의 지위와 여성이 평생 낳는 평균 자녀 수 사이의 상관관계다.

건강과 기회, 사회 참여에서 남성과 여성의 차이가 **가장 적은** 전 세계 10개국 중 7개국은 다른 나라와 비교하면 전 세계에서 소득이 가장 높은 나라들이기도 하다. 정반대로 성별 격차가 **가장 큰** 6개국은 소득이 가장 낮은 국가군에 속한다. 부가 여성의 건강, 기회, 사회 참여를 보장하는지, 아니면 이런 요소들 덕에 부유함이 가능해지는지가 명확하지는 않다. 아마 두 가지가 결합되어 있을 것이다.

분명한 것은 성별 격차가 작은 사회의 여성은 성별 격차가 큰 사회의 여성이 출산하는 자녀 수의 절반 정도만 낳는다는 점이다. '격차가 큰' 나라의 여성당 자녀 수는 네 명에 가깝고, '격차가 작은' 나라의 경우는 두 명 미만이다. 인구 증가를 억제하는 가장 효율적이고 지속적인 메커니즘은 성별 불평등의 폐지와 관련이 있다고 이해할 수 있겠다.

이런 데이터는 성별 격차가 줄어들면 대체출산율에 근접하게 될 것임을 암시한다. 인구가 늘지도 줄지도 않는 안정된 상태를 유지하게 되는 것이다. 이 최상의 시나리오가 뜻하는 바는 기근, 전염병, 대량 학살, 강제적 출산 통제 같은 끔찍한 일들이 없다면 지구상 인구가 70억 명 이하로 내려가는 일은 다시는 없으리라는 점이다. 잘 살고 싶다면, 모두 함께 사는 법을 배워야만 한다.

모든 전문가가 자신의 탄생을 가능케 한 인구 증가에 혐오감을 나타내는 것은 아니다. 헨리 조지Henry George라는 이름의 미국 경제학자는 "의문과 양심을 감춘 채 이기심을 보호하려는 이야기"라는 이유로 맬서스의 이론을 진지하게 반대했다. 대중에 만연한 가난의 진짜 원인은 '인간의 탐욕'이지 자연의 부족함이 아니라고 생각한 것이다. 조지는 인구와 식량 생산 간의 희망적인 순환 고리를 가정했다. "더 잘 먹고 더 풍족한 여건에서 살면 식물이나 동물이 번성하고 그 결과 인간은 발전을 누리게 된다."

헨리 조지는 겸손하고 경건한 사람이었다. 그는 가난이 어떤 것인지 알고 있었고 성공을 거둔 후에도 수수한 삶을 살았다. 또한 지성이 연민을 불러오고 정의를 추구해야 한다고 믿었다. 조지는 여러 방면에서 시대를 앞서 살았던 사람으로, 19세기에 이미 대중교통 체제와 노동조합, 여성 입법의원 과반수 보장을 옹호했고 대중은 그를 사랑했다. 1897년 그가 세상을 떠났을 때 10만 명이 넘는 조문객

이 장례식에 참석했다. 수많은 주요 유명인사 중에서 헨리 조지는 인구 증가와 관련해 가장 옳은 전망을 보여준 사람이었다.

헨리 조지 시대 이후 인구가 두 배로 증가하는 동안 곡물 생산량과 어획량은 **세 배** 증가했고 육류 생산량은 **네 배** 증가했다. 이 기간 동안 전보다 더 많은 사람이 이 땅에 태어났지만 식량 생산 또한 필요한 양을 훨씬 넘어설 만큼 많아졌으니, 헨리 조지가 믿었던 그대로였다.

오늘날 우리가 확인하는 이 세상의 결핍과 고통은 필요한 만큼 만들어내지 못하는 지구의 무능함 때문이 아니라 나눌 줄 모르는 인간의 무능함 때문이라는 헨리 조지의 말은 맞았고, 이와 관련해서는 책 뒷부분에서 다시 살펴볼 것이다. 많은 사람이 필요 이상으로 소비하는 바람에 더 많은 다른 사람들에게는 아무것도 남지 않게 되었다.

더 복잡한 문제는 인류의 10퍼센트에 의해 이루어지는 엄청난 식량과 연료 소비로 인해 나머지 90퍼센트의 삶에 필요한 기본적인 것들을 만들어내는 지구의 능력이 위협받고 있다는 것인데, 이는 우리 세대에 특히 문제가 되고 있다. 기후변화에 관한 대부분의 정치적 논의는 이런 현실을 뒤집을 수 있을 것이라는 희망을 기반으로 삼곤 한다. 진실을 말하자면, 현실을 뒤집기는 어려울 것이다.

궁극적으로 우리에게는 오직 네 가지 자원만 주어져 있다. 땅과 바다, 하늘 그리고 우리 서로다. 이 모든 것이

위기에 처한 상황이므로 명확하고 단순하게 여겨지는 것부터 시작해보려 한다. 모든 인간이 거쳐 왔을 아기 이야기부터 시작해보자.

③
우리는 어떻게
존재하는가

총알이 심장을 관통할 때
군인이 어떤 느낌을 받는지
나는 알 수 있었다.
– 마크 트웨인, 1909년 12월 24일, 딸의 죽음을 알게 된 후

대학 시절 친구 중에 그 어떤 것도 두려워하지 않는 인물이 있었다. 모터사이클 경주에 참여하고 암벽 등반을 했으며 대중 앞에서 연설을 하고 곰들과 함께 캠핑을 했다. 외국어에 능숙했고 늦은 밤에 부끄러운 일을 고백하는 것도 두려워하지 않았다. 늘 제일 앞줄에 섰고 주춤거리거나 눈살을 찌푸리는 일도 없었다. 자기 앞에 놓여 있는 인생과 그 너머에 자리 잡고 있을 일에 늘 마음을 열어놓았고 항상 준비되어 있었다.

이 친구가 30대에 들어섰을 때, 아내가 아들을 낳았다. 태어난 아기는 건강했는데 어느 날 숨쉬기를 멈추었다. 5일째 되는 날, 의사들이 내 친구에게 와서 아들이 염색체

하나를 더 갖고 태어났고 그로 인해 심장과 신장 형성에 심각한 문제가 생겼다고 알려주었다. 몇 주 후에 아기는 숨을 거두었고 내 친구는 마음의 문을 닫아버렸다. 이 문을 다시 열기 위해 친구는 남은 인생 내내 고생해야 했다.

200년 전 아이를 잃는 일은 아주 일상적이었다. 1819년, 전 세계에서 태어난 아기 다섯 명 중 두 명은 다섯 번째 생일을 맞기 전 사망하곤 했다. 오늘날보다 가족 규모가 훨씬 컸던 당시에 여성이 평생 임신하는 횟수는 평균 6회였고, 자녀를 잃은 비통함을 두 번까지는 아니어도 적어도 한 번은 경험한 부모를 만나기란 어렵지 않았다. 내가 태어난 1969년, 전 세계에서 경험하는 이 엄청난 슬픔은 절반으로 줄게 되었다. 나는 다섯 명의 아이 중 운 좋게 살아남은 네 명 중 하나였다. 그 어떤 숫자라 해도 여전히 너무 높다고 할 수 있지만, 지난 50년 동안 영아 사망률은 대폭 떨어졌다. 오늘날에는 다섯 살이 되기 전 사망하는 아이의 비율이 스물다섯 명 중 한 명으로 줄었다. 지금은 가족 수가 적어졌고(전 세계 평균을 보면 여성은 세 번의 출산을 경험하게 된다) 아이를 잃는 엄청난 상실과 비탄을 겪는 일도 크게 줄어, 죽음의 두려움이라는 그림자가 드리워진 채 아기가 태어나는 것을 많은 사람이 상상하지 못한다.

물론 1819년 출산 과정에서 위험을 무릅써야 했던 것은 아기만이 아니었다. 내 증조모 여덟 분 중 두 분은 아기를 낳다 돌아가셨고, 내 가족의 역사는 다른 여섯 분의 삶에 관해(그리고 죽음에 관해서도) 별다른 언급이 거의 없다. 100년 전, 미국의 출산 100건 중 한 건은 산모 사망으로 이어졌다. 그 후 살균 소독한 의학 도구의 사용과 함께 산파, 간호사, 의사라는 형태의 의료적 관리 체계가 발전하면서 출산 중 산모 및 아기 사망 위험이 크게 낮아졌다. 1930년에서 1980년 사이 의료 관리의 발전 덕에 미국의 산모 사망률은 출산 1만 건당 한 건으로 낮아졌으며 이 수치는 오늘날까지도 유지되고 있다.

출산 관련 사망을 놓고 보면 미국은 전 세계 평균보다 열 배 이상 안전하다. 내가 태어난 1969년, 적절한 의료 처치의 도움을 받은 출산은 그해 전 세계 출산의 절반에 지나지 않았다. 2013년에 이르기까지 의료 처치를 받는 출산이 20퍼센트가량 증가하며 세계적으로 출산 관련 산모 사망 건수가 절반 넘게 감소했다. 오늘날 출산과 관련해 사망하는 여성 수는 500명 중 한 명으로 집계된다.

지난 300년 동안 대부분의 국가에서 산모와 아기의 사망률이 크게 줄어든 것으로 나타났다. 우리 할머니와 할아버지 세대가 견뎌야 했던 상실의 고통을 줄여간 전 세계적 여정을 그려보면, 갈 길이 남았긴 해도 우리가 얼마나 멀리 왔는지 확인하고 기뻐하게 될 것이다. 다행스럽게도 우리는 앞에 놓여 있는 길에 대해 이미 알고 있다.

당신은 60대를 위해 무엇을 준비하고 있는가? 나는

2034년 6월에도 여전히 규칙적으로 자전거를 타고 포플러 나무의 솜털이 가벼운 눈보라처럼 날리는 언덕길을 멋지게 내달리는 모습을 그려본다. 날이 어둑해질 무렵 타겟 필드 (미니애폴리스에 있는 미국 프로야구팀 미네소타 트윈스의 홈구장 - 옮긴이)에 도착해 자전거에 자물쇠를 건 후 관중석에 앉아서, 8회말에 미네소타 트윈스가 뉴욕 양키스를 17 대 0으로 손쉽게 이기고 있는 모습을 지켜볼 것이다.

내 아버지는 그렇게 할 수 없었지만 내가 이런 계획을 세우는 데에는 이유가 있다. 아버지가 태어난 1923년 미국 신생아의 기대 수명은 58세에 불과했다. 거의 50년 후 내가 태어났을 때 이 수치는 높아져 내 동갑들은 71세의 기대 수명을 누리게 되었다. 내 아들은 60대는 말할 것도 없고 70대에 대한 계획도 세워야 할 것이다. 아들이 태어난 2004년, 미국인의 기대 수명은 78세까지 올라갔다. 어머니로서의 낙관주의를 발휘해 나는 아들에게 80대에 대한 계획을 세우라고 격려하는데, 그럴 수 있는 것은 내 아버지가 92세 생일까지 맞으셨기 때문이다. 아버지는 호흡기 감염에 의한 폐렴으로 돌아가셨는데 그것은 90세 이상의 주요 사망 원인이지만, 미국에서 그 외의 사람들에게는 극히 드문 사인이다.

예를 들어 아버지는 1939년에서 1945년 사이의 2차 세계대전에서 싸우다가 사망한 수십만 미국 남성 중 한 사람일 수도 있었지만 그렇지 않았다. 2차 세계대전은 10년

이 못 되는 사이 1,500만 명의 군인과 4,500만 명의 민간인이 목숨을 잃는 끔찍한 인명 피해를 낳았다. 그 후 70여 년 동안 인간 문명에서 다시는 이런 참상이 목격되지 않았다. 지난 몇 년간 전쟁으로 인한 전 세계 사망자 수는 연간 약 5만 명이었다.

통상적인 살인은 전쟁보다 훨씬 더 많은 사람을 해친다. 전 세계적으로 매년 50만 건의 살인이 일어난다. 하지만 살인이나 전쟁은 물론이고 이 두 경우를 모두 더한다 해도 매년 자살로 인해 일어나는 생명 손실에 비할 수는 없다. 2016년 한 해만 전 세계 자살 건수가 80만 건에 이르렀는데 그중 5만 건이 미국에서 일어났다. 우리는 서로에게 엄청난 폭력을 저지르는 것처럼 우리 자신에게도 엄청난 고통을 가하고 있다.

매년 이 지구상에서 일어나는 인간의 사망 중 대부분은 질병으로 인한 것이다. 죽음은 위대한 평형 장치라 할 수 있는데, 부유하거나 가난하거나 그 사이에 있거나 모든 지역에서 거의 비슷한 비율로 사람들이 사망한다는 이야기가 별로 놀랍지 않을 것이다. 매년 전 세계 각지에서 인구의 1퍼센트가 병에 걸려 사망한다. 사람들은 경제적 상황에 긴밀하게 연관되는 각기 다른 질병에 굴복한다. 부유한 편인 국가의 최상위 사망 원인 둘은 심장병과 뇌졸중인데, 네 명 중 한 명이 이런 질병으로 목숨을 잃는다. 여기에 암, 당뇨병, 신장병 등까지가 지구상 가장 부유한 나라에서 발생하는 전체 사망 절반의 원인이다. 각 질병은 그 나름의 방식으로 위험하지만 이런 병들에는 중요한 공통점이 있다. 전염병이 아니라는 사실이다.

이 세상에서 가장 가난한 지역의 경우라면 이야기가 다르다. 사망률은 비슷한 정도지만 사람들이 훨씬 더 젊은 나이에 사망하며 부유한 국가에서는 깨끗한 물, 개선된 하수도 시설, 예방 접종, 항생제 사용 등으로 이미 자취를 감춘 질병이 사인이 된다. 전 세계에서 가장 가난한 나라들의 경우 사망 원인의 30퍼센트는 폐와 장, 혈액의 전염성 감염이고, 출산 시 일어나는 비극이 또 다른 10퍼센트를 차지한다.

그럼에도 불구하고 이 지구상에서 가난한 위치에 놓여 있다는 것이 예전처럼 사형 선고를 의미하지는 않는다. 지난 25년 동안 지구상 가장 가난한 국가들이라 해도 깨끗한 물을 구할 수 있는 비율이 30퍼센트 더 높아졌고, 더 나은 위생 시설에 대한 접근성은 두 배 좋아졌다. 지난 30년 동안 동일 지역에서 예방주사를 맞는 비율은 두 배가 되었고, 출산 전 관리를 받을 수 있는 비율도 30퍼센트 이상 증가했다. 그 결과 내가 태어난 1969년에 비해 이제 가난한 국가들의 대략적인 사망률은 절반 정도로 떨어져, 앞서 말했듯이 좀 더 부유한 국가들과 비슷한 수준이 되었다. 출산 중 사망과 관련해서는 여전히 갈 길이 멀지만, 어쨌든 우리는 제대로 된 길을 가고 있다.

어떻게 지난 50년 동안 사람들은 이 세상 더 많은 곳에서 질병과의 전쟁을 효과적으로 수행하고 출산 시 사망가능성을 극복하고 살아남을 수 있었을까? 100여 년 전 내조부모님이 했던 것과 같은 방식을 통해서였다. 짐을 꾸려마을로 이사하는 것 말이다.

④

우리는 어디에
서 있는가

로마에서는 고향을 그리워하게 된다.
하지만 고향에 가서 보면
로마와 같은 곳은 없을 것이다.
– 호라티우스, 〈풍자 VII〉(기원전 35년경)

가계家系상 농부를 만나려면 얼마나 많은 세대를 거슬러 올라가야 할까? 나의 경우, 외조부모 두 분으로 거슬러 올라가면 되는데 두 분 모두 미네소타주 남부와 아이오와주 북부의 전원에서 성장하셨다. 1차 세계대전에서 돌아온 할아버지는 마음을 잡지 못하고 여기저기 떠돌다 증조할아버지와 오랜 실랑이 끝에 마침내 아이오와주의 라이트 카운티에 정착했다. 할아버지는 평생 농사일을 맡고 할머니는 집안일을 맡는 조건을 확정했는데, 이는 당시 중서부에서는 거의 표준이나 다름없었다. 이런 거래는 여러 가지 면에서 결실을 맺었는데 그 가운데 할머니가 평생에 걸쳐 낳은 열 명 넘는 아이들이 있었고, 그중 한 명이 자라나서 나의 어머니가 되었다. 1920년대에 마을을 이루어 사는 삶이 등장하자 외조부모님은 그에 충실히 응답했다. 아직 어린 아이들을 데리고 나중에 나의 고향이 될 미네소타주 오스틴의 아주 작은 마을에 정착했고, 할아버지는 돼지 도 축업자가 되어 실내에서 일하게 되었다.

농부나 목동, 사냥꾼의 기원을 찾기 위해 8대 이상 거 슬러 올라가보면 자기 자신을 포함해 전체 가계에서 도심 에 기반을 두고 살아온 경우는 극히 드물다는 점을 알 수 있다. 1817년에는 전 세계 인구 중 오직 3퍼센트만이 어떤 형태로든 도시에 살았다. 그 후 200년이 지난 지금 전 세계 인구의 절반이 도시에서 살고 있는데, 이는 도심 안에 적 어도 10만 명 이상의 사람들이 살고 있다는 의미이기도 하 다. 도시는 전 세계 인구의 절반을 품고 있지만 이 지구상 에 불균등하게 자리 잡고 있기도 하다.

전 세계 인구의 지형학을 이해하기란 극히 간단한 일 이다. 유럽, 북미, 일본, 이스라엘, 뉴질랜드와 오스트레일 리아 등을 포함하는 '선진국'(때로 경제협력개발기구 또는 OECD 회원국이라고 불리는)의 인구를 모두 더하면 10억 명 정도 된 다. 놀랍게도 전 세계 인구에 10억 명 이상의 시민을 더 해줄 두 나라가 있는데, 각기 15억 가까운 인구를 자랑하 는 중국과 인도다. 사하라 사막 남쪽에 자리한 아프리카는 10억 명 인구의 고향이다. 크고 작은 동아시아 나라들(중국 은 제외)의 인구를 다 합해도 마찬가지로 10억 명에 달한다.

북아프리카와 중동의 아랍 국가는 5억 명, 라틴아메리카와 남아시아(인도는 제외) 역시 마찬가지다. 2017년 자료에 따르면 이 지구상에는 75억 인구가 모여 살고 있다.

1969년 내가 태어났을 때, 이 지구의 사람들 대부분은 농촌 지역에 살았다. 오늘날에는 대부분 도심에서 산다. 이는 지난 50년 동안 30억 명에 이르는 사람이 전 세계 도시 인구에 추가되었다는 의미다. 이러한 도시의 상당수는 1,000만 이상의 인구가 사는 '메가시티Megacities'의 기준을 넘어서고 있다. 이러한 규모의 도시는 100년 전에는 생각조차 할 수 없었던 것이다. 오늘날 지구에는 47개의 메가시티가 점점이 자리하고 있다. 초기의 메가시티들은 점점 확대되어간다. 도쿄는 이제 3,500만 인구를 거느리고 있고 뉴욕은 2,000만 명을 넘어섰다.

도시야말로 **풍요**에 대한 가장 적합한 정의 그 자체라 할 수 있는데, 우주에서 보면 인간의 과열점이다. 밤이면 인공조명으로 맥박이 뛰며, 위에서 내려다보면 뇌신경이 얽혀 있는 네트워크를 닮았다. 불타는 원자핵 같은 도심에서 뻗어 나간 교외 지역들은 신경세포의 가지돌기처럼 빛나는데, 축삭돌기처럼 보이는 반짝이는 고속도로에 의해 서로서로 연결된다.

인구밀도가 높아지니 집약적인 노동의 가능성도 커졌다. 1881년, 새로운 사람들의 유입에 관해 "이들의 손을 빌린 노동력으로 인해 자연스럽게 **더 많은 것**을 생산할 수 있었다"고 설명한 헨리 조지가 맞았다. 고대 알렉산드리아까지 거슬러 올라가는 도시의 역사는 인구밀도가 낮은 상황에서는 절대 시도할 수 없었을 도서관, 건축 프로젝트, 교통 시스템, 시장, 병원, 관료제, 사법부, 무수히 많은 기업을 만들어냈다. 도시는 노동력을 분산하고 증폭하기 위해 사람들이 모이는 곳이었고 앞으로도 그럴 것이다.

내 경우는 외조부모가 1920년 삶의 터전으로 삼은 바로 그 작은 마을(인구 1만 명)에서 태어나 자랐다. 성인이 되자 공부와 일자리를 위해 100만 명이 넘는 인구를 자랑하는 대도시권으로 이사를 하게 되었는데, 이는 세상 어디서나 발견할 수 있는 일상적인 이야기다. 지난 50년 동안 이미 100만 명이 넘는 인구가 살고 있는 도시로 이사 오거나 거기서 새로 태어난 사람들이 10억 명이다. 나는 도시로 이주해 온 수많은 사람 중 한 명이었고, 대부분의 사람이 어느 정도 비슷한 이유로 이런 이주를 감행했다. 고향에서는 찾을 수 없는 기회를 발견하기 위해서 말이다.

가난한 사람 중에서도 가장 가난한 사람, 매일 1달러가 채 안 되는 돈으로 살아가야 하는 10억 명은 고향인 시골을 떠나온 사람들이다. 시골 사람 4분의 3은 전기를 사용할 수 없다. 어두워진 후 책을 읽고 싶어도 불을 켜지 못하고, 우유와 고기를 보관할 수 있는 냉장고를 돌릴 수도 없으며, 약물 치료조차 받을 수 없다. 매년 수백만 명이 자신들이 살고 있는 시골을 떠나 도시의 빈민가로 이주해 온다. 꼭 필요한 의료 서비스와 더 나은 임금에 접근할 수 있는 가능성이 그곳에 있을 때 훨씬 높기 때문이다. 게다가 빈민가의 상황도 조금씩 나아지고 있다. 2000년 이래 위생 시설과 상수도 시설을 갖춘 곳이 늘어나면서 2억 명 넘는 사람들의 생활환경은 더 이상 유엔이 정의한 '빈민가'에 부합하지 않게 되었다.

전 세계 도시들은 계속 팽창할 것이다. 거주가 가능한 모든 대륙에서 사람들은 시골을 떠나 도시로 옮겨 간다. 유럽과 북아메리카에서도 인구의 80퍼센트는 이미 도시에서 살고 있고 사람들은 계속해서 시골을 뜨고 있다. 전 세계 인구가 여전히 계속 늘고 있다는 사실도 잊지 말자. 실질적으로 추정해볼 때 세계 인구는 2100년이면 100억 명에 달할 것이다. 더 많은 도시에 더 많은 사람이 살게 되면서 더 많은 **풍요로움**이 필요해지는데 특히 식량 공급 면이 그렇다.

질문을 하나 던져보자. 세상 사람이 다 도시로 이주한다면, 남아서 농사를 지을 사람은 누구인가? 답: 거의 아무도 없다. 지금 식량을 키워서 당신과 나를 먹여 살리고 있는, 얼마 남지 않은 그들에 대해 다음 장에서 살펴볼 것이다.

2부

식량

지난해는 풍년으로 올해는 기근으로
세상은 거인의 행보처럼 움직인다.
세상의 필요가 무서울 정도로 부풀어 오르는 것을
지켜보게 될 것이다.

– 헨리크 입센, 〈브란〉(1865)

⑤
곡식 기르기

너희가 시간의 씨앗들을 들여다볼 수 있다면,
어떤 씨앗이 자라고, 어떤 씨앗이 안 자랄지 알 수 있다면,
말해다오.

- 윌리엄 셰익스피어, 〈맥베스〉(1606)

시카고에서 샤이엔Cheyenne까지 동쪽에서 서쪽으로, 파고Fargo에서 위치타Wichita까지 북쪽에서 남쪽으로 뻗어 있는 하트 모양의 땅이 있다. 여기서 '하트 모양'이라 함은 종이를 오린 것 같은 모양이 아니라 진짜 인간의 심장처럼 생겼다는 의미다. 심장 한가운데, 폐동맥이 대동맥을 건너가는 중간쯤에 자리한 아이오와주 수시티Sioux City는 미국에서 가장 수수한 도시라 할 수 있다. 미국의 하트랜드 Heartland(시카고를 중심으로 한 중서부 지역 - 옮긴이)에서도 가장 중심인 곳, 나는 거기서 그리 멀지 않은 곳에서 자라났다.

하트랜드에서 교육은 아주 기초적인 수준으로만 이루어져서 충분치 못했다. 캘리포니아로 거처를 옮길 때까

지는 주위에서 내가 중서부 출신임을 부끄러워할 것이라고 생각한다는 사실을 알지 못했다. 대학원 첫 학기 동안 아이비리그 출신의 남학생과 실험실 작업대를 함께 썼는데, 그는 나의 변변찮은 출신에 대해 알게 되자 계속해서 질문을 던졌다. "세상에, 도대체 거기 사는 사람들은 무슨 일을 하는데?"

눈 더미를 치울 수 있는 능력이라는 기준에서 그의 근육량을 속으로 평가하며 나는 이렇게 대답했다. "네가 먹을 음식을 키우지."

대부분의 경우, 내가 한 말은 맞았다. 하트랜드는 미국 전체 면적의 단 15퍼센트를 차지할 뿐이지만, 농지 면적으로는 절반 가까이 차지한다. 나는 '마을'에서 자랐지만 내가 사는 마을은 몇 킬로미터고 길게 이어지는 농장에서 재배한 곡물을 먹는 가축을 도살하기 위해 존재하는 곳이었다.

당신은 어디 출신인가? 당신이 태어난 곳을 묻는다기보다는 어디서 자랐는지를 묻는 것이다. 자동차 창문 밖으로 처음 본 것은 무엇이었는가? 사막? 바다? 평원? 산? 나무들? 빌딩? 조금 더 정확하게 이야기해보자. 이 세상이 무너져 내리고 모든 것을 잃게 될 때 당신의 발길이 향하는, 돌아가고 싶은 곳은 어디인가?

내 부모님, 조부모님과 마찬가지로 나는 미네소타주

오스틴 출신이다. 오스틴에는 큰 공장이 하나 있고 음식점이 몇 개 있는데, 그 대부분은 작은 식당과 패스트푸드 전문점이다. 오스틴에 없는 것 중 하나가 꽤 괜찮은 규모의 병원이다 보니 북쪽의 시 경계에는 멀지 않은 세월 안에 나도 묻히게 될 묘지가 자리하고 있다.

이 마을에 사는 다른 많은 가족처럼, 의사의 진찰을 받으려면 우리는 북동쪽으로 60킬로미터쯤 차로 달려갔다가 돌아와야 했다. 아이들 중 가장 막내였기에, 나에게는 따라가지 않을 선택권조차 없었다. 차 뒷자리에 구겨 앉아, 의사의 진찰이 필요한 누군가의 옆에서 창밖으로 스쳐 지나가는 농지를 바라보곤 했다. 그렇게 몇 년 동안이고 긴 거리를 부루퉁하게 오가야 했다.

11월이면 농지는 황폐해졌다. 검은 대지 위에 서리가 내려앉았다. 겨울이 모습을 드러낸 후에는 모든 것이 하얘져 우리를 둘러싼 드넓은 무채색의 평원으로부터 지평선을 가려내기란 불가능했다. 4월이면 어느 날 갑자기 눈이 녹아 땅이 온통 곤죽이 되고 녹아내린 물은 길 양옆으로 난 수로를 따라 흘러갔다. 5월이 되어 거대한 경작기가 밭을 오가며 이랑을 만들 때에는 파종기의 텁텁한 공기를 맡으려고 내 방 창문을 조금 열어두곤 했다. 시간당 10킬로미터를 왔다 갔다 하며 땅을 고르는 그 기계는 자기 영역을 오가며 뒤쪽으로 길을 표시하는 외로운 금속 맹수 같았다.

6월 첫날이 되면 옥수수씨를 뿌리고 대두를 심었다. 미네소타에서는 봄이 되면 어김없이 비가 내렸고 이랑에 심어놓은 옥수수는 작은 초록색 잎을 뾰족하게 내밀었다. 일주일쯤 후 둥그스름한 초록색이 튀어나오면 콩에서 싹이 난 것을 알 수 있었다. 여름이 세상 모든 것에 스며들면 농작물은 주위의 모든 세상을 다시 초록으로 물들이며 한 마디씩, 한 뼘씩 자라났다.

옥수수와 콩은 이상한 협력자여서 자주 서로를 옆에 두고 함께 자라지만, 기본적으로는 완전히 다르다. 대두는 잘 자라지 **않는** 것이 잘 자라는 것보다 힘들 정도다. 대두는 뿌리에 갇혀 있는 박테리아로부터 영양분을 얻는 데 비해, 옥수수는 아낌없이 뿌려지는 비료의 도움을 필요로 한다. 대두의 꽃은 자가수분을 해 별다른 도움 없이 씨눈을 만들어가지만, 옥수수 속대에 매달린 한 알 한 알은 각각이 따로 수분되어야 한다. 대두는 콩깍지 상태에서 수확하는데 초록색 가죽 장갑에 달린 네 개의 손가락 같은 모습을 하고 있다. 옥수수 씨눈은 줄기에 달린 속대에 수백 개가 줄을 선 모습으로 단단해지고 건조되어갔다. 충분히 성장한 대두와 옥수수는 같은 결말을 맞이하는데 둘 다 곡식 저장고로 향하는 운명인 것이다.

10월이면 트랙터가 거대한 탈곡기를 끌고 다시 등장해 그 뒤로 아무것도 남기지 않겠다는 듯이 모든 걸 모아들이며 지나간다. 핼러윈 무렵이면 온 카운티 농지에 울퉁

불퉁한 그루터기들이 카펫처럼 깔리고, 말라버린 깍지만이 지난여름 충만했던 영광의 증거로 남게 된다. 11월이 되면 첫 서리가 내리고, 가족 중 누군가가 아프고, 우리는 의사를 만나러 차에 오르는, 그런 순환이 다시 시작되었다.

요즘은 기회 있을 때마다 모어Mower에서 옴스테드 Olmsted 카운티까지 60킬로미터를 차로 달리곤 한다. 예전에 가족들과 그렇게 자주 다니던 바로 그 길을 가는 것이다. 파종과 성장과 수확이라는 익숙한 모습을 탐구하며 운전하는 동안 풍경을 세심하게 살펴본다. 변해버린 것들의 목록을 만들자면 며칠이나 걸리겠지만, 이렇게 절대 변하지 않는 것들이 있어 편안함을 느낀다.

미국의 다른 여러 작은 마을과 달리, 내가 자란 곳은 유령 마을은 아니어서 그 나름의 방식으로 번성해왔다. 대두와 알팔파, 옥수수의 거대한 바다로 둘러싸인 곳에 100여 채의 건물이 들어서 있다. 열일곱 살이 될 때까지 이 마을과 그 언저리에 자리 잡은 농토로 구성된 260만 제곱미터 정도의 지역이 나에겐 온 우주나 마찬가지였다. 하지만 황량했다가 봉오리를 맺고 꽃을 터뜨리는, 모어 카운티 농지에서 일어나는 순환은 전 세계에서 일어나는 일을 대표한다고 할 수 있었다.

오늘날 내가 자란 마을의 농지에서는 내가 태어난 1969년 생산량의 세 배가 넘는 식량을 생산하고 있다. 마찬가지로, 전 세계 농지에서도 1969년보다 세 배 많은 농작물이 생산된다. 매년 10억 톤의 곡류를 생산하던 지구는 이제 30억 톤의 곡류를 생산한다. 더 놀라운 것은 같은 기간 동안 미국에서 경작 중인 땅의 면적에는 그리 큰 변화가 없었고 전 세계적으로도 그렇다는 것이다.

어떻게 농지 면적이 10퍼센트 늘었는데 재배하는 농작물은 세 배가 늘 수 있었을까? 이는 단위 면적당 생산되는 곡물의 양인 **수확량**yield의 엄청난 증가와 관련이 있다.

부셸bushel은 1,000년 넘게 사용되어온 측량 단위다. 1부셸은 액체로 30리터 정도 들어가는 바구니에 담을 수 있는 곡물의 무게를 말하는데, 상당히 무겁지만 그렇다고 운반이 불가능한 정도는 아니다. 곡물 1부셸은 22~27킬로그램 정도가 나가는데 비행기 탈 때 체크인할 수 있는 최대 트렁크 무게를 약간 넘는다고 볼 수 있다. 50년 전 농구장 크기의 농지에서 옥수수 1부셸을 생산했다면, 오늘날 같은 양을 생산하기 위해선 자동차 두 대 정도를 주차할 공간이면 충분하다.

밀과 쌀도 옥수수만큼 놀라운 생산 증대를 이루어 지난 50년 동안 평균 생산량이 두 배로 늘었다. 대두, 보리, 귀리, 호밀과 수수 역시 놀라운 성장을 이루었다. 그뿐만이 아니다. 커피, 담배, 사탕무 수확량은 50퍼센트 넘게 늘어났다. 사실 이 책을 쓰기 위해 조사한 모든 농작물의 수확량이 지난 50년 동안 주목할 만큼 높아졌다.

극히 적은 예외는 있겠지만 지구상 모든 농지는 내가 아이였을 때에 비해 적어도 두 배 넘는 식량을 생산해내고 있는데, 내가 아이였을 때에 비해 두 배나 되는 인구가 이 지구에 살고 있으니 다행이라 할 수 있을 것이다. 이 놀라운 농사의 위업은 별개인 동시에 서로 연관되어 있는 세 가지 성취로 가능해졌다. 예전보다 농작물을 더 잘 키우고, 더 잘 보호하며, 농작물 그 자체를 개선한 것이다.

토마토 덤불이건 콩 또는 밀 한 다발이건 지구상 모든 식물은 살아남고 성장하기 위해 물과 영양분을 필요로 한다. 식물은 이런 중요한 자원을 오직 한 곳에서만 얻을 수 있다. 바로 자기 밑에 자리한 토양이다. 수천 년까지는 아니라 해도 수백 년 동안 죽어 바스라진 생명체와 퇴화한 암석이 흙과 섞여 만들어낸 복합체인 토양 말이다.

각기 다른 종류의 식물은 각기 다른 영양분을 필요로 하는데, 땅은 이런 다양한 영양분의 복합체를 제공한다. 다양한 환경은 각각의 식물이 필요로 하는 것을 제공해주며, 초원과 우림, 습지 등 각기 다른 생태계의 등장을 가능케 한다. 이와 대조적으로 농지는 완전히 인위적인 환경이다. 농지는 '단일 작물 재배', 즉 의도한 특정 종류의 식물을 키우기 위해 만들어진다. 농지의 흙은 단일 작물 재배를 위한 완벽한 환경이 되어야 한다. 비료라는 형태로 영양분을 더하고 관개시설로 물을 대면서 이런 일이 가능해졌다. 지난 50년 동안 엔지니어들과 작물학자들은 농부들이 필요로 하는 비료 및 물의 양을 훨씬 더 정확하게 산출해 농사를 효율적으로 짓도록 도왔다.

전 세계 비료 사용량은 1969년 이래 세 배가 되었고 관개 능력은 두 배가 되었다. 우리는 그 어느 때보다 풍족하게 땅에 영양을 주고 물을 대고 있으며 땅에서 자라나는 농작물들도 지금과 같은 환경을 좋아한다. 하지만 불행하게도 이런 호사스러운 환경은 농업에 예기치 못한 문제를 불러일으켰다.

농지는 주위를 둘러싼 자연 지대에 비해 영양분과 물이 넘쳐난다. 잡초 입장에서는 동경해 마지않는 고급스러운 부동산이라 하겠다. 여기에 더해 작물 재배를 위해 잘 갈아놓은 땅은, 거기 심어진 작물의 중요한 부분을 인간보다 먼저 먹어치우고 싶어 하는 수많은 벌레와 곰팡이, 박테리아의 집이 되었다. 이런 해충을 조절하기 위해 농부들은 잡초와 곤충, 미생물에 독성을 발휘하는 화학물질인 '살충제'를 사용하는데, 이것 없이는 단일 작물 재배가 위태로워질 것이다. 그런데 때로는 살충제가 인간에게 독성을 발휘하기도 한다.

오늘날, 매년 전 세계적으로 500만 톤 이상의 살충제가 농경지에 뿌려지고 있다. 이는 지구상 인구 한 사람당 500그램을 조금 상회하는 양으로, 적어도 1969년 살충제 생산 시작 이후 세 배로 늘어난 양이다. 각기 다른 농작물을 키우려면 각기 다른 유독 물질을 사용해야 한다. 열대의 후끈거리는 온실은 딸기에 곰팡이가 피지 않도록 뿌린 수 톤의 클로로탈로닐chlorothalonil 안개로 자욱하다. 중국과 일본, 한국의 논에서는 해충이 퍼지지 않도록 수천 톤의 클로르피리포스Chloropyrifos를 살포한다. 아열대와 온대를 포함하는 중위도 지역의 광활한 농경지 수천 제곱킬로미터는 잡초의 번성을 막기 위해 아트라진atrazine에 흠뻑 적셔진다. 생각할 수 없을 만큼 엄청난 양의 비료도 어디에나 뿌려지고 있다. 그 덕에 농경지는 우리가 경작하고 추수하기로 선택한 식물을 위한 궁극의 안전한 땅이 되고 있다. 작물들은 크고 튼튼하게 자라 귀중한 햇빛을 훔쳐 가는 모든 잡초를 잊게 되었고 또한 자신들을 먹으려는, 인간이 아닌 다른 모든 존재에 면역을 갖추게 되었다.

더 중요하고 설명하기 어려운 것은, 오늘날 우리가 재배하는 옥수수와 대두와 밀과 쌀이 50년 전 재배했던 대두와 밀과 쌀에서 어떻게 달라졌는가다. 이들은 사실 스스로의 더 나은 버전이라고 볼 수 있다.

농작물의 중요한 부분은 과장된 조직이라 할 수 있다. 당분이나 지방, 단백질로 가득하고 야생의 선조에 비해 크기가 훨씬 커진 과육, 씨앗, 줄기 혹은 뿌리 말이다. 블루베리를 따거나 야생 감자를 캐거나 야생 포도를 채취해본 적이 있는가? 식료품점 매대에서 발견할 수 있는 것보다 훨씬 작고 대부분의 경우 훨씬 덜 달다. 밀과 쌀, 옥수수와 다른 곡류 역시 마찬가지다. 우리 조부모의 조부모의 조부모의 또 그 조부모 대부터 수행한, 수천 년간의 계획적인 선별을 통해 야생 풀은 영양분 많은 곡류로 재배가 가능해졌다.

오랫동안 이어져온 식물의 종자 교배 관행은 19세기 초에 그 유명한 사제인 그레고르 멘델Gregor Mendel이 수도원 정원에서 노란색과 초록색의 둥글고 쭈그러진 완두콩을 키우며 관찰한 교차 교배crossbreeding 원리를 농학자들이 적극 활용하면서 놀랄 만큼 가속화되었다. 1920년대 및 1930년대의 연구소와 온실 안에서 과학자들은 의도적으로 각각의 곡류를 교배했고 현 상태와 그 후손들, 같은 부모로부터 나온 관련 작물의 상태를 주의 깊게 기록해갔다. 그들은 교차 교배된 자손을 다시 교차 교배하여 잡종을 만들어 생장력이 강화된 비일상적인 변형물을 얻게 되었다. 다양성 증대를 위해 돌연변이도 유발했다. 50년이 넘도록 과학자들은 지구상에서 경작되는 대부분의 곡류를 유전자적으로 변형시켰는데, 마찬가지로 다른 과일이나 채소도 기본적인 식물육종학의 가이드를 따르게 되었다. 그 효과는 엄청났다. 곡류 생산량은 1900년에서 1990년 사이 세 배 증가했는데, 더 놀라운 발견은 아직 등장하지 않은 상황이었다.

DNA(데옥시리보핵산)는 살아 있는 모든 세포에 존재하는 화학물질이다. 그 분자는 뒤틀린 사슬 모양을 하고 있고 각각의 고리가 연결되어 이루어져 있다. 고리 종류에는 몇 가지가 있는데, 버섯이나 인간, 야자나무 같은 각각의 생물종은 수십 개의 고리로 구성된 완전히 다른 일련의 염기서열로 이루어져 있다. 생물종의 독특함을 보여주는 핵심적인 부분은 사슬의 길이인데 곰팡이의 DNA는 수백만 개의 고리로 이루어진 사슬이고, 인간의 DNA는 수십억 개, 식물의 DNA는 1조 개의 고리로 이루어져 있다.

모스부호는 인간의 귀에는 길고 짧은 두 개의 삐 소리로 이루어진 신호 체계다. '짧은 점'과 '긴 점'으로 이루어진 모스부호를 사용하면 SOS 같은 간단한 구조 신호에서 5막에 이르는 희곡 〈햄릿〉에 이르기까지 모든 것을 적어낼 수 있다. 비슷한 방식으로, 생물학적 DNA 암호는 글자가 아니라 단백질을 위한 것이라고 보면 된다. 긴 요리책과 비슷하다고 하겠다. 각각의 레시피를 '유전자'라고 하는데, 이는 유용한 단백질의 생성법을 지닌 고리의 하부 사슬인 셈이다. 모든 유전자는 하나의 단백질을 위한 레시피인데, 각각의 단백질은 특정 임무를 맡게 되고 그중 어떤 것은 아주 중요한 임무를 맡는다.

유성생식 과정에서는 자식의 DNA 형성을 위해 양쪽 부모로부터 받은 DNA 사슬의 나선이 합해진다. 이로 인해 부모와 완벽하게 동일하지는 않은 유전자들의 결합체인 새로운 개체가 등장한다. 자식은 양쪽 부모에게서 받은 어떤 단백질 레시피는 갖고 있고 또 어떤 것은 갖고 있지 못하다. 20세기 초반 육종학자들은 바람직한 특징을 지닌 부모 세대를 교배해 그런 특징이 후손에게 집중되길 기대했다. 비록 그들이 변경한 DNA 사슬에 담긴 유전자가 무엇인지 정확히 알아내지는 못했지만 놀라운 결과를 만들어냈다.

20세기의 가장 큰 혁신 중 하나는, 전체 DNA 사슬의 유전자 지도를 각각의 고리 단위로 자세히 파악 가능하게 해준 신기술이었다. '분자유전학'이라고 불리는 이 새로운 분야의 과학자들은 길고 긴 DNA 사슬 안에서 각각의 유전자를 정확하게 집어낼 수 있게 되었다. 1980년대 들어 학자들은 DNA를 변형시키는 새로운 방법을 완성했는데, 이 방법은 부모의 생식이라는 복잡하고 혼란스러운 과정을 겪지 않아도 되고 새로운 세대가 성숙하기를 기다릴 필요도 전혀 없었다. 이 새로운 '유전자 재조합' 기술 덕에 유전학자들은 DNA 고리 배열을 직접 편집할 수 있게 되었다. 과학자들은 살아 있는 식물 안에서 유전자를 제거하고 복제하고 잘라 붙일 수 있게 되었다. 식물이 아닌 다른 생물의 DNA에서 유전자를 추출해 식물의 DNA 안에 끼워넣어, 다른 방식으로는 어떻게 만들어낼지 알 수 없었을 단백질을 어린 식물에 주입해볼 수도 있었다.

이런 유전자 재조합을 통해 태어난 일련의 작물은 '유전형질 전환 작물transgenics' 혹은 더 일반적으로 '유전자 변형 농산물GMOs'이라 불린다. GMO 곡류는 유전자 조작을 거치지 않은 부모 세대 작물만큼이나 영양분이 높으며 윗대보다 물을 덜 필요로 하고 해충에는 더 강하게 만들어주는 단백질 레시피를 포함하고 있다. 이런 식물은 자신의 부모 세대보다 더 나은 버전인데, 그 부모 세대 역시 자신의 부모보다 더 나은 버전이다. 차이가 있다면 이 최신 세대 품종은 자기 자신의 DNA로부터 직접 조합되었다는 점이다.

　GMO 작물에 실험실에서 변형한 DNA가 자리하고 있어서 인간이 그것을 섭취했을 경우 위험하다고 말하기는 어렵다. 미국 과학아카데미는 GMO 농산물의 안전성을 두 번에 걸쳐 조사해 인간의 건강에 특별한 위험을 주지 않는다는 사실을 확인했다. GMO 농작물의 문제는 그 종자를 만들어내는 데 중요한 역할을 한 몇 안 되는 기업에 의해 독점적으로 팔린다는 사실이다. 주변 농부들과 발을 맞추기 위해 이런 놀라운 대두나 옥수수 품종을 재배하고 싶은 농부가 있다면, 거의 독점 상태에 가까운 사업을 하는 몬산토Monsanto나 듀폰DuPont과 거래할 수밖에 없다.

　GMO 농산물이 처음 소개된 지 30여 년이 지난 오늘날, 전 세계 작물의 10퍼센트는 GMO 농작물이다. 지금 미국에서 재배되는 거의 모든 대두와 옥수수, 면화, 카놀라유는 유전형질 전환 농산물로, 모두 내가 태어난 이후 등장한 것이다. 차창 밖으로 보이는 미네소타의 폭발할 듯 푸른 농지는 전통적인 품종과 함께 GMO 대두와 GMO 옥수수를 심었기 때문에 가능했다. 이런 유전형질 전환 농작물이 등장한 1990년대 이후 전 세계적으로 대두와 옥수수 생산량이 적어도 추가로 30퍼센트 이상 증가해 20세기 초반에 비해 네 배나 증가하는 결과를 낳았다.

매년 점점 더 많은 GMO 농작물이 전 세계에서 재배되고 있다. 문자 그대로 전 세계 식량 생산의 씨앗을 팔 것인지 말 것인지가 다섯 곳이 채 안 되는 미국 기업 손에 맡겨져 있는 것이 과연 분별력 있는 일일까?

농약과 GMO 작물에 관련된 또 다른 문제는 이 둘 사이에 영원히 쫓고 쫓기는 게임이 진행된다는 사실이다. 복합 글리포세이트glyphosate는 미국에서 가장 많이 사용되는 농약이다. 글리포세이트는 모든 새로운 식물 조직을 구성하는 일에 빨간 불을 켠다. 그렇기 때문에 농장의 밭고랑처럼 전략적으로 식물의 생장을 중단시켜야 하는 곳 어디에서나 쓰이기 쉽다. 글리포세이트는 1974년 라운드업Roundup이라는 상표로 처음 판매되었는데 그 후 미국 농가에서 20억 톤에 가까운 양이 사용되었다.

1996년 라운드업을 팔던 기업인 몬산토가 '라운드업 레디Roundup Ready' 대두, 옥수수, 면화 종자를 시장에 선보이기 시작했다. 이 새로운 유전형질 전환 작물에는 성장을 촉진시키는 유전자가 삽입되어 글리포세이트의 생장 억제 효과를 넘어서버렸다. 라운드업 레디 GMO 품종은 농사를 더 단순하게 만들었다. 라운드업 제초제는 밭고랑에 조심스레 사용하는 것이 아니라 말 그대로 전체 농지에 뿌려

댈 수 있었고, 그 덕에 농작물이 자라는 동안 잡초는 죽어
갔다. 라운드업 레디 품종을 채택하면서 글리포세이트의
전체 사용량은 급격히 치솟아서 지난 20년 동안 15배 이상
늘어났다. 우리의 농지는 역사상 그 어느 시점보다 농약에
푹 적셔져 있다.

하지만 이야기는 여기서 끝나지 않는다. 유전형질 전
환 작물을 재배하는 농장에 바람이 불어오면, 라운드업 레
디 GMO의 꽃가루가 인근 생태계로 옮겨져 식물의 수정
에 관여하게 된다. 1998년에는 글리포세이트에 저항성을
갖춘 잡초가 한 종류였는데 오늘날에는 열다섯 종이 넘는
다. 모든 항생물질과 마찬가지로 농약은 목표가 되는 대상
이 독성에 대한 내성을 갖추면 효과가 덜해지고, 그렇게 되
면 익숙한 피드백이 나온다. 우리가 농약에 더 의존할수록,
그것은 덜 효과적이게 되는 것이다.

여기서 더 큰 우려가 등장한다. 2015년 국제암연구기
관International Agency for Research on Cancer(세계보건기구 산하의, 암
퇴치를 위한 국제적 연구 기관 - 옮긴이)은 글리포세이트(라운드업)
가 비호지킨성 림프종 발생을 초래하는 '인체에 대한 발암
가능 물질'이라고 밝힌 바 있다. 이런 위험성은 흡수량과
관련이 있기에 엄청난 양의 라운드업을 다루는 사람들에
게 특히 문제를 일으킨다. 바로 이 나라의 농부들이다.

어쨌건 농업에 관해 이야기할 때마다, 모든 길은 아이오와로 통하게 된다. 내가 자란 작은 마을의 모든 길이 말 그대로 아이오와로 향했기 때문만은 아니다. 아이오와주가 미국 농업에서 힘든 일을 처리하는 역할을 해왔기 때문이다. 내가 어렸던 1970년대에 아이오와주는 한때 미국 최대 농작물인 옥수수 생산량의 거의 4분의 1을 책임졌다. 언제나 그랬듯이 앞으로도 아이오와주는 이 세상에서 가장 생산성 높은 농지일 것이다.

내가 고등학생 때, 아이오와의 80퍼센트 이상은 농지였다. 30년이 지난 오늘날에도 80퍼센트 이상이 농지다. 아이오와주 땅의 80퍼센트 이상이 농지가 **아니었던** 적은 없다.

하지만 1970년대 아이오와주의 농지는 지금에 비해 두 배 더 많은 개인 농장주들이 나누어 소유하고 있었다. 그 후 시간이 지나며 중간 규모 농장은 점점 줄어들었고, 그에 비해 대규모 농장은 더욱 거대해져갔다. 1969년에 아이오와 농장들 크기의 중간값은 80만 제곱미터였는데, 50년이 지난 지금은 그 절반 정도로 줄었으며 800만 제곱미터 이상 경작하는 농장(센트럴 파크 네 개가 나란히 늘어서 있는 모습을 상상해보자)의 수는 열 곳으로 늘어났다. 아이오와에서 가장 큰 농장의 크기는 맨해튼 섬의 두 배에 이르고 거기서 매년 100만 부셸 이상의 옥수수를 생산한다.

오늘날 아이오와에는 9만 명이 약간 안 되는 '농업 본

위 운영자'(말하자면 농부)가 존재한다. 아이오와주 인구의 3퍼센트가 주 경제의 10퍼센트 가까이를 책임지고 있다. 정말로 힘든 일을 맡고 있는 것이다.

돈과 관련해 말해보자. 만약 당신이 전통 작물과 비슷한 영양가의 식재료를 구하고 싶고 기꺼이 돈을 더 지불할 용의가 있다면, 당신은 '미 농무부USDA 인증 유기농' 라벨이 붙은 것을 찾게 될 것이다. USDA 유기농 인증을 위해서는 비옥한 토양을 얼마나 오래 유지해왔는가가 특히 중요한데 이는 경작 방식 및 토양 테스트와 관련이 깊다. 이 인증에서는 해충 방제를 화학적 방식 대신 기계적 방식으로 할 것을 장려하지만, 길고 긴 리스트로 이어지는 합성 농약 사용은 승인하고 있다. '유기농' 인증은 '생태적 조화를 회복, 유지 및 향상'하기 위해 고안된 것으로, 어떤 자격 요건에도 농작물 그 자체에 대한 평가는 들어 있지 않다. 그러나 독립 연구자들은 오늘날 사용되는 가장 독성 강한 농약의 잔류량이 일반 농작물보다 유기농 작물에서 훨씬 더 낮은 수준임을 발견했다.

따라서 시간이 지나면서 국가 농업 기관이 토양을 위해서도 훨씬 좋다고 인정한 다양한 '유기농' 식품들을 식료품점에서 훨씬 비싼 가격으로 구매할 수 있게 되었는데, 이는 극히 소수만 접근 가능한 부티크와 유사한 농업 시스템이다.

내가 대학 실험실 동료에게 하트랜드는 우리가 먹는 농작물을 키우는 곳이라고 한 말은, 늘 그렇듯이 맞기도 하고 틀리기도 하다. 하트랜드에서 재배되는 곡류는 여러 방면으로 활용되지만, 그 대부분은 사람들을 위한 식량으로 쓰이지 않는다. 그것이 사실이다.

　　옥수수를 예로 들어보자. 하트랜드에서 자라난 우리는 옥수수밭에서 옥수수 이상의 것을 키운다는 사실을 이미 알고 있다. 옥수수밭은 우리 삶의 배경이고 무대이자, 뒷마당에 자리한 생활 가구나 다름없다고 할 수 있다. 그곳은 파이를 먹기에는 조금 이른 시간이라 어른들이 여전히 감자샐러드를 먹고 있는 일요일 오후에 아이들이 술래잡기를 하는 곳이다. 오빠들에게 내가 뱀을 무서워하지 않는다는 것을 보여주려고 얼룩무늬 가터뱀 두 마리를 단번에 잡아 한 손에 한 마리씩 잡고 있는 곳이다. 한밤에 오래된 포드 자동차를 세워놓고, 차갑게 빛나는 별을 바라보며 어른이 된다는 것이 왜 집을 떠나는 것을 의미하는지 궁금해하면서도 이 작은 마을을 어서 떠나고 싶다고 친구 앞에서 으스대며 말하는 장소이기도 하다.

　　미국은 언제나 거대한 옥수수 정원이었다. 1870년, 남북전쟁이 끝난 직후라 모든 것이 혼란스러웠던 그때조차 미국은 10억 부셸에 이르는 옥수수를 재배하고 있었다. 1890년이 되자 생산량은 연간 20억 부셸까지 올라갔다. 2차 세계대전 후 호경기가 이어질 때에는 옥수수 생산량이

30억 부셸에 이르렀다.

　내가 아이였던 1970년대에는 미국에서 매년 50억 부셸에 이르는 옥수수를 생산했는데 이는 다른 모든 주요 곡류를 합한 것보다 많은 양이었다. 오늘날 미국의 연간 옥수수 생산량은 150억 부셸로, 지난 50년간 세 배 늘어난 양이다. 다른 곡류를 키우다 옥수수 생산지로 전환한 경작지 증가분이 기존 경작지 면적의 50퍼센트에 불과하다는 점에서 놀라운 결과다.

　지난 50년간 엄청나게 생산된 미국의 옥수수는 옥수수를 처리하는 데 집중하는 이상한 산업의 발달을 촉진시켰다. 그리하여 원래 형태로 인간의 위장으로 들어가는 것은 극히 적은 양의 부수적인 소비가 되어버렸다. 우리는 옥수수 가루뿐만 아니라 녹말, 설탕, 기름처럼 익숙한 형태로는 물론이고 수지gum, 산酸, 왁스, MSG(모노쇼듐 글루타메이트) 형태로 가공 옥수수를 섭취한다. 그럼에도 불구하고 인간이 소비하는 옥수수의 양은 미국에서 매년 생산되는 옥수수의 10퍼센트에 지나지 않는다. 그렇다면 그 나머지는 어디로 가는 것일까?

　남은 양의 절반(한 해 동안 심고 가꾸어 수확하게 될 옥수수의 45퍼센트)은 살아 있는 생물의 먹이로 사용되지는 않을 것이다. 그 나머지 절반 중 1억 명의 사람이 1년 동안 먹을 수 있는 10억 부셸 이상의 옥수수는 바로 거름 형태로 전환되어 버린다.

⑥
가축 키우기

인간과 동물은 음식의 통로이고 도관이다.
다른 동물들의 무덤이자 죽은 존재들의 쉬는 장소로,
다른 존재를 죽여 생명을 얻고 있다.
 – 레오나르도 다빈치(1508년경)

우크라이나에 소가 한 마리 있었다. 더 정확하게 말하자면 갓 태어나 거세된 수소였다. 이 소는 어리고 강하고 아름다워서 많은 추종자를 거느렸다. 내 친구도 그중 하나였다.

저널리스트인 내 친구는 동유럽을 여행 다니며 그 지역 여성들의 삶에서 중요한 의식들을 기록으로 남기고 있었다. 그날 여행 가이드를 맡은 남자는 다가오는 여동생의 결혼식을 준비 중이었다. 그는 그림처럼 아름다운 초록색 골짜기로 친구를 데려가더니 세심하게 만들어지고 근사하게 장식된 우리 옆에 차를 세웠다. 그 우리 안에서 만족스럽게 풀을 뜯어 먹고 있는 소 한 마리가 보였다.

"결혼식을 위해서 잡을 바로 그 소랍니다." 남자는 건강해 보이는 동물의 모습에 기쁨으로 얼굴을 빛내며 자랑스럽게 말했다. 그는 결혼식을 축하하기 위해 마을의 모든 사람을 초대해 어떻게 대접할 것인지 세심하게 설명했다. 모든 손님이 그날 파티의 주인공을 위해 자기 나름대로 최고의 음식을 준비해 올 텐데, 그중에서도 연회의 꽃은 눈앞에 보이는 바로 저 동물이 될 것이었다.

친구는 순한 모습의 그 동물을 바라보며 죽음에 관해 생각했다. 수소는 잠시 친구를 바라보더니 머리를 아래로 내리고 자기 발밑에 자리한 대지의 냄새를 깊이 들이마시며 다시 풀을 씹었다.

아이오와에서는 인구 한 명당 아홉 마리의 돼지를 키운다. 이 통계 수치를 이야기하면 엄마, 아빠, 두 아이 그리고 마구 뛰어다니는 돼지 서른여섯 마리가 함께하는 가정이 연상될까 봐 좀 주저했다. 그런 이미지라면 즐거워 보일지는 몰라도 아이오와의 삶을 정확하게 묘사한 것은 아니다. 아이오와 사람들 대다수가 개인적으로는 2,200만 마리의 꿀꿀거리는 이웃 중 단 한 마리도 알지 못한다는 것이, 낭만적이지 않은 진실이다.

육류로 만든 음식을 매일 평균 열 가지 정도 먹는 요즘이긴 하지만, 미국인이 자신이 먹는 육류의 재료가 되는 동물을 직접 만나게 되는 일은 거의 없다. 또한 이런 고기가 적어도 열 종류의 서로 다른 동물의 몸에서 나온다는 사실이 이상하지도 않다. 미국에서는 매 시간 100만 마리의 동물이 식재료가 되기 위해 도살되고 있다. 이런 도살은 대부분 공항 규모의 거대한 건물에서 일어나는데, 이 나라의 거대한 지역은 각기 다른 살육에 특화되어 있다. 네브래스카와 콜로라도, 캔자스의 대평원에서는 매년 3,000만 마리의 소가 도살된다. 아칸소에서 조지아까지 넓게 뻗은 '깃털지대Feather Belt'에서는 매년 90억 마리에 이르는 엄청난 수의 닭이 도살된다. 아이오와를 둘러싼 미국 중서부 위쪽 지역에서는 매년 1억 2,000만 마리의 돼지가 도축되고 있다.

나는 돼지고기 가공 산업의 실질적인 중심지 출신이다. 내 고향은 돼지고기 문명의 요람은 아니어도 그 문명의 무덤이라고는 부를 수 있을 것이다. 미국에서 매년 도축되는 돼지의 6퍼센트가 내 작은 고향 마을의 시 경계 안에서 마지막 숨을 쉰다. 북동쪽 4번가와 8번가 사이, 1,300명의 사람이 매일 1만 9,000마리의 돼지를 도살한다.

내가 직접 도축장에 가본 적은 없다. 문을 두드리고 들어갈 수 있는 그런 곳이 아니다. 내가 다닌 초등학교는 예전에는 도축장으로 현장학습을 가곤 해서 내 큰오빠는 그곳을 방문한 일을 기억하지만, 내가 3학년이 되었을 때 현장학습이 중단되었다. 그럼에도 불구하고 나는 도축 공장에서 일하는 몇몇 사람과 거기서 일한 적이 있는 상당수의 사람을 알기에 내 고향에서 돼지를 어떻게 잡는지 저

녁 파티 자리에서 꽤 자세하게 설명할 수 있다. 파티 참석
자들은 그런 이야기에 결코 부럽다는 반응을 보이지는 않
았고 동정심 비슷한 무언가를 느끼는 것 같았다. 나에 대한
동정인지, 돼지에 대한 동정인지 모르겠지만. 지난 20년 동
안 내가 저녁 식사를 함께한 대부분의 사람은 도축과 도축
장소에 대해 역겹다고까지 말하지는 않았지만 측은하다고
말하기는 했다.

그런 반응에 당황하고 조금은 방어적이 되어서, 내
고향에서는 돼지 도축이 평범한 사람들로 가득한 꽤 좋고
깔끔한 곳에서, 적어도 자비로운 곳에서 이루어진다고 모
든 지식을 동원해 확신시키려 노력했다. 일하는 사람들의
트라우마를 최소화하면서 돼지들이 5초에 한 마리 비율
로 요단강을 건너도록 하는 시설 설계를 템플 그랜딘Temple
Grandin(인도적 도축 시설의 필요성을 알린 미국의 동물학자 - 옮긴이)
이 어떻게 도왔는지 설명했다. 길고 구불거리는 줄을 따라
이동하는(우리가 공항에서 그러는 것처럼) 돼지들은 자신에게 다
가오는 영광의 승천을 알지 못한다고 사람들에게 이야기
했다. 무슨 일이 일어났는지 깨닫기도 훨씬 전에 돼지들의
천국으로 걸어 들어가게 된다고.

도축장 노동에 대해서는…… 그러니까 돼지 잡는 일
에 대해서는, 예를 들어 트럭 휴게소에서 웨이트리스로 일
하는 것보다 보수를 잘 쳐주는 편이라고 설명했다. 각종 복
지 혜택이 주어지는 건 물론이고 공장 내부에 병원도 있어

모든 노동자가 각종 병이나 만성질환을 무료로 치료받을 수 있다. 사실 자신이 돼지 도축 일을 좋아한다고 주장하는 사람은 한 번도 만나보지 못했다. 하지만 우리는 인생의 꽤 지긋한 나이까지 어떤 일을 즐겁게 하면서 농시에 그 일로 돈을 받을 수 있다는 생각은 하지 않는다. 대부분이 그런 생각에 회의적이다.

저녁 파티 자리에서 이런 이야기를 전하느라 최선을 다했지만, 미네소타주 오스틴에 자리한 퀄리티 포크 프로세서스Quality Pork Processors가 문명화된, 꼭 필요한 업체라고 믿게 하는 데에는 성공하지 못했다. 미국 작가 업턴 싱클레어Upton Sinclair가 나보다 훨씬 앞서서 사람들의 마음을 얻는 바람에 오늘날의 도축 공정에 대한 나의 설명이 그가 1906년 소설《정글The Jungle》을 통해 이야기한 것을 대신할 수 없었기 때문이다. 정말로 이상한 점은 그런 대화를 하는 동안 우리는 보통 고기를 먹었다는 것이다. **돼지고기를 씹는 사이에** 여러 번 그런 이야기를 했다. 사랑스러운 이탈리아 햄인 프로슈토를 먹을 때도 있었는데, 내 고향에서는 만들지 않는 종류다. 내 고향에서 만드는, 햄과 비슷한 모양의 그리 사랑스럽지 않은 반고형 스팸이 그런 식사 자리에 나왔던 적은 없다. 스팸은 내 고향에서 **발명**되었다.

매년 오스틴을 방문하는 700만 마리의 돼지 대부분이 스팸 형태로 그 마을을 떠나며, 스팸은 0.078초당 한 캔 꼴로 80개국에서 소비된다. 저녁 파티장에서 여기저기 돌아다니며 이런 통계 수치를 내민 적은 없다. "자자, 이제 다른 사람 이야기를 들어보자"는 가혹한 제안에 굴복했기 때문이다. 그래도 기회 있을 때마다 고기에 관해 더 많이 이야기해야 한다고 주장했다. 믿을 수 없으리만치 많은 양의 고기를 먹고 있기에, 우리는 고기에 관해 더 많은 이야기를 해야만 하는 것이다.

2011년 이후 전 세계 육류 생산량은 연간 3억 톤을 넘었다. 이는 1969년 생산량의 세 배에 해당한다. 그중 97퍼센트는 세 종의 가련한 동물이 차지한다. 소와 닭, 돼지는 50년 전에도 전체 육류의 거의 90퍼센트를 차지했다. 이런 증가의 부담을 세 동물이 공평하게 진 것은 아니다. 1969년에 비해 소는 50퍼센트 정도 더 도축되어 소고기 생산량은 두 배가 되었고, 돼지는 세 배 더 많이 도축되어 네 배 더 많은 돼지고기가, 닭은 여섯 배 더 많이 도살되어 열 배 더 많은 닭고기가 생산되었다. 여기에 더해 암탉들은 전 세계적으로 매년 1조 개의 알을 낳는데 이는 1969년 생산량의 네 배에 이르는 수치다. 어떤 사람은 이를 두고 21세기는 닭이라는 생물종에게 어두운 역사로 기록될 것이라고 예측하기도 한다.

다른 동물성 식품에도 이런 추세는 마찬가지로 적용된다. 그중 우유는 특별히 놀라운 사례다. 미국의 우유 생산량은 1969년에 비해 두 배가 많아졌는데, 우유를 생산하는 젖소는 오히려 300만 두가 감소한 상황이다. 도대체 무슨 일이 일어나고 있는 걸까?

답은 **생산량**과 관련이 있다. 경작지는 10퍼센트 증가했는데 곡물 생산은 세 배 늘릴 수 있었던 것과 비슷하다. 우리는 예전보다 가축들을 더 잘 먹이고 더 살 보호하며 동물 자체를 더 낫게 개선해왔다.

수의학은 발전하면서 동물의 질병에 대한 새로운 치료제를 내놓았고, 시장에서의 육류 거래를 위해 동물의 영양 상태에 관한 지식을 많이 생산하기도 했다. 70년 동안 주 정부의 자금 지원을 받아 농업 연구소와 실험실에서 진행된 관리된 교배 프로그램이, 동물생리학의 놀라운 변화를 지금도 이끌어가고 있다. 헌신적인 과학자 수천 명의 놀라운 연구 덕에, 전 세계에서 도축되는 모든 소와 돼지와 닭은 1969년에 비해 몸집이 20~40퍼센트 더 커졌다. 더 적은 개체로부터 얻은 더 많은 고기는 빠른 성장, 높은 번식력, 낮은 신진대사 등 모순적인 특징들의 당황스러운 총합에 수여되는, 의심스러운 상이다.

20세기 들어 모든 사람에게 어린 시절의 의미가 변했겠지만, 송아지에게만큼 그 의미가 크게 달라진 경우도 없다. 1950년대에 송아지는 생후 3개월이 지나야 45킬로그램을 넘어서는 것이 보통이었다. 오늘날은 태어난 지 50일 만에 90킬로그램을 넘어선다. 오늘날 젖소는 매일 20리터의 우유를 생산하는데 이는 50년 전의 두 배가 되는 양으로, 다른 존재에게 젖을 먹이느라 시간을 보내온 누군가가 크게 감사할 만한 통계 수치라 하겠다.

미국적인 가족이라는 것도 변했는데 그것도 우리가 생각하는 것 이상으로 크게 변했다. 특히 어미 돼지의 경우 더 힘든 시간을 보내게 되었다. 1942년, 돼지우리에서 젖을 먹는 한배 새끼 돼지는 다섯 마리였는데 오늘날에는 열 마리로 늘어났다. 여기에 새끼를 1년에 한 번이 아니고 두 번 낳는다는 사실까지 고려해야 한다. 평범한 로스트치킨에 사용되는 닭은 60년 전과는 근본적으로 다른 생물체인데, 1957년에 0.9킬로그램짜리 닭을 키우는 데 필요했던 사료의 양이 오늘날 4.5킬로그램짜리를 키우는 데 필요한 양과 동일하기 때문이다.

여기 놀라운 창조물들이 얼마나 많은가! 우리가 지배권을 행사해온 이 멋진 신세계라니.

우크라이나의 여행 가이드가 차를 방목지 옆에 세운 것이 단지 동물 한 마리를 보여주기 위함이 아니었음을 내 저널리스트 친구에게 확신시키는 데에는 시간이 좀 걸렸다. 그 가이드는 내 친구에게 3년간의 힘들었던 노력을 보여준 것이었다.

손이 덜 가는 농장 같은 것은 존재하지 않는다. 도살을 앞둔 튼튼한 수소는 280일의 임신 기간 동안 특별한 먹이를 먹고 보살핌을 받아야 하는 젊은 암소에게서 태어난다. 송아지가 태어난 후에는 거세가 필요하고 그 후 18개월 동안 농부는 건초를 운반하고, 배설물을 삽으로 모아 퇴비를 만들고, 목초지를 옮기고, 울타리를 보수하고, 물을 대고, 벌레를 잡고, 마지막으로는 도살을 위해 살을 찌워야한다. 친구의 가이드가 자신이 키우는 소의 최종 목적지로 여동생 결혼식 피로연을 선택했을 때, 그는 쇠고기에 식사용 나이프가 닿을 때까지 자신이 행한 모든 노동의 시간을 함께 선물한 것이다.

육류를 생산하려면 엄청난 자원 투입이 필요하다. 상상할 수 없을 만큼 대단한 양의 자원이 그에 비해 상대적으로 적은 결과물을 얻기 위해 집중 투입되는 과정이라 하겠다. 인간이 지구상에서 사용하는 담수의 30퍼센트는 고기를 얻기 위한 가축의 생산과 사육, 도살에 쓰인다. 감금상태에서 도축을 기다리는 250억 마리의 소와 돼지, 닭에게는 엄청난 양의 약이 주어진다. 1990년만 해도 미국에서 사용된 항생제의 3분의 2가 고기를 얻기 위해 동물들에게 투여된 것이었다. 이는 명백히 성장 촉진과 폐사율 저하를 위한 것이었지만, 연구 결과에 따르면 그 두 가지 목적 중 어느 것에도 효과를 내지 못했다.

이런 약 대부분은 동물의 몸속으로 흡수되지 못하고 배설물과 섞여 방출된 후 지표수에 스며들어 농장을 떠나게 된다. 항생물질은 지하수로 흘러들어 미생물에게 연습 훈련을 제공해준다. 땅속 깊은 곳의 박테리아는 몇 세대에 걸쳐 시행착오를 겪으며 유서 깊은 기술을 구사해 약제를 사용한 인간의 방어에 저항할 방법을 연구한다.

육류 생산을 위해 동물에게 투입해야 하는 가장 중요한 것은 곡류, 정말이지 엄청난 양의 곡류다. 우리는 매년 16억 톤이 넘는 곡류를, 대부분의 경우 옥수수, 콩, 밀을 가축에게 먹이고 있다. 그리고 그렇게 가축이 먹은 곡류는 살로만 가는 것이 아니라 다른 많은 일에도 사용된다.

농장의 동물들이 움직이고 숨을 쉬고 소리를 내고 배설할 때마다 근육이 수축하고 뉴런이 발화하는데, 이때 그들은 먹이를 연소해 얻은 에너지를 사용한다. 움직임을 억제하면 음식을 통해 얻은 에너지의 손실을 최소화할 수 있어 케이지 닭장이나 암퇘지용 철제 우리를 사용하는 경우가 늘어났는데, 그러면 공간이 극도로 제한되어 동물들은 고개를 한쪽에서 다른 쪽으로 돌리지도 못하게 된다. 이런 새로운 고안물 안에서조차, 동물에게 3킬로그램의 곡물을 먹여서 얻는 고기는 0.5킬로그램에 지나지 않는다.

오늘날 인간이 10억 톤의 곡물을 먹어 소비하는 동안 또 다른 곡물 10억 톤이 동물의 먹이로 소비되고 있다. 그렇게 먹여서 우리가 얻는 것은 1억 톤의 고기와 3억 톤의 분뇨다.

뭔가 하나 고백해도 괜찮을까? 나는 동물 살육의 도덕성에 관한 논쟁에 지쳐버렸다. 나는 쉽게 지치지 않는 사람인데도 말이다. 오늘날 이루어지는 도살 행위가 50년 전보다 더 나쁘다고 말할 수는 없지만, 분명 훨씬 더 활발하게 진행되고 있는 것은 맞다. 생물종의 하나인 인간이 고기를 얻기 위해 올해 도살한 동물의 수는 1969년에 비해 여섯 배나 많은데, 그중 10퍼센트는 미국 내에서 일어난다. "온 땅과 땅에 기는 모든 것을 다스리게 하자 하시고……"라는 창세기 구절에 동의하거나 "이 땅의 모든 동물은 우리를 저 하늘 위 왕국으로 이끌어준다"라는 복음서 구절(사복음서에는 나오지 않으며, 도마복음에 제시된 한 구절을 변형해 인용한 듯하다—옮긴이)에 동의하거나, 아니면 이 둘 중 어느 것에도 동의하지 않는다 해도, 우리 지구는 지금 육류에 대한 개인적 행동이 중요한 의미를 지니는 기로에 놓여 있다. 어떤 행동이건 도덕성에 근거하고 있기만 하다면, 꼭 그렇게 고민할 필요는 없을 것이다.

만일 미국인들이 붉은색 살코기와 가금류 섭취량을 매주 1,800그램에서 900그램으로 절반 정도 줄인다면 1억 5,000만 톤의 곡류를 절약할 수 있다. 이렇게 육류 섭취를 줄이는 것이 엄청난 희생을 요구하는 것은 아니다. 한 사람이 육류를 매주 900그램 정도 먹는다는 것은 많은 선진국의 소비와 비교할 때 상당한 양으로, 우크라이나의 평균 육류 소비량보다 높은 수준이다. 미국에서 꼭 필요하지 않은 육류를 만들어내느라 쓰이는 곡류를 절약할 수 있다면 전 세계 식량용 곡류 공급이 15퍼센트 정도 늘어날 것이다.

만일 (북미와 유럽, 이스라엘, 호주, 뉴질랜드, 일본을 포함하는)

OECD 36개국이 함께 육류 소비량을 절반으로 줄인다면 세계의 식량용 곡물 생산량은 40퍼센트 가까이 늘어날 것이다. 다른 방식으로도 생각해보자. OECD 국가들이 매주 하루씩만 '고기 없는 날'을 정해 지킨다면, 올 한 해 배곯는 사람들을 모두 먹일 수 있는 1억 2,000만 톤의 식량용 곡물이 여분으로 생기게 된다.

우리는 영양실조로 시달리는 8억 명 이상의 인류와 이 지구를 나누어 쓰고 있다. 이들은 '일상 활동 유지에 필요한 식이 에너지가 최소 수준 이하'에 해당하는 이들로, 곧 굶주리고 있는 아이이고, 여성이고, 남성이다. 누군가는 아무 이유 없이 이런 상황에서 살아야 하고 또 이런 상황에서 죽어야 한다. 굶주림은 지구의 부족한 공급 능력 때문이 아니라, 생산한 것을 제대로 나누지 못하는 우리의 실패로 등장한 문제다. 육류를 생산하느라 사라지는, 지구상의 먹을 수 있는 곡물 3분의 1을 빼고도 우리는 여전히 75억 인구가 매일 2,900칼로리씩 섭취할 수 있는 양의 음식을 생산하고 있다. 이는 USDA가 제시한, 건강한 삶을 위해 필요한 1인당 에너지 필요량을 공급하고도 남는 정도다.

전 세계 인구 증가와 관련하여 가장 보수적인 과학적 예측을 살펴보면, 2100년에 세계 인구는 100억 명에 이를 것이다. 지금보다 적어도 25억 명이 더 늘어난다는 이야기다. 이는 당신과 내가, 나머지 세상 전부가 연간 2,000조 칼로리를 추가로 생산하고 이를 공정하게 배분하는 방법을 찾아내어 대기근을 피할 수 있을 때까지 시간이 80년밖에 남지 않았다는 의미다.

인류는 전에도 지금과 똑같은 혼란에 빠진 적이 있는데, 세계 인구가 40억을 넘을 것이 명백해져 이를 해결하기 위해 필사적으로 노력해 생산량을 늘린 1950년대였다. 이미 지난 세기에 에이스 카드를 사용한 우리에게 위험한 일이 닥칠 것임을 알아채야 한다. 과학소설과 달리, 한 줄기에 달리는 옥수수 알과 소의 등뼈를 따라 균형 맞춰 자리 잡는 고기의 양에는 한계가 있다. 우리는 식량이 될 수 있는 것들의 생물학적 한계로 곤란에 처해 있다. 얼마 되지 않는 고기와 엄청난 양의 배설물을 얻느라 우리가 매년 곡물의 90퍼센트를 가축 사료로 적극 낭비하고 있다는 사실에 대해, 조만간 재고해야 할 것이다.

미래는 상당 부분 불명확하지만, 사람들이 무언가를 먹어야 한다는 사실만은 변하지 않을 것이다. 전체 인구가 늘어가고 있기에, 그들을 모두 먹이는 방법을 일찌감치 찾아 나설 필요가 있다. 지금 이 문제를 무시한 채 포크를 손에 들고 고기 한 조각을 더 먹는다면, 매일 세 번씩 손자들보다 우리 자신을 선택하는 것이나 마찬가지다.

⑦

물고기 잡기

그물에 걸리는 것은
모두가 물고기다.
– 16세기 영국 속담

각종 주요 언론 매체의 2017년 보도에 따르면, 세상에서 가장 행복한 국가는 노르웨이다. 그곳을 생각하면 기차 철로 건너편의 꽁꽁 얼어붙은 야외 벤치에 앉은 한 남자가 청어를 꺼내 들고 턱수염을 헤치며 먹는 장면을 떠올리게 된다. 노르웨이 인구는 500만 명으로 미국 애틀랜타시 일대의 인구보다도 적은데, 추위 속에서 늦은 시간 오는 기차를 기다리는 일만 없다면 나 역시 여기서 꽤 행복하게 살고 있다고 인정한다.

노르웨이가 언제나 세계에서 가장 행복한 국가였는지는 모르지만, 내 선조들이 1800년대 후반에 자발적으로 노르웨이를 떠나 미국의 미네소타로 이민을 갔다는 사실로 보건대 그때는 꼭 그렇지는 않았던 것 같다. 그 후 많은 것이 바뀌었는데, 대부분의 노르웨이 사람은 1969년 북해 해저에서 발견된 엄청난 양의 석유를 그 원인 중 하나로 꼽는다. 하지만 세계적인 교역의 긴 역사도 영향을 미쳤음을 기억해야 한다. 노르웨이의 국영 정유사 스탯오일Statoil이 해저로부터 화석연료를 거둬들이기 수백만 년 전, 노르웨이를 둘러싼 바다에는 다른 종류의 수출용 황금이 넘실거렸다.

북해에는 지방이 풍부한 생선이 많이 살고 있다. 지금도 그렇고 언제나 그랬다. 노르웨이 사람들은 이런 생선을 찾아서 집으로 가져오는 데에 아무런 어려움이 없다. 스스로를 전업 어부라고 생각하는 1만 2,000명의 노르웨이 남성과 여성은 전 세계 어획량의 3퍼센트가량을 잡아들인다. 매년 노르웨이 어부 한 명이 잡는 생선의 양은 평균 200톤이 넘는다.

현대적인 노르웨이 어선은 최첨단 기술로 무장하고 있다. 이런 배를 타보면 이상하게 흔들리는 우주선에 들어와 있는 듯 느껴진다. 최고 수준의 위성 항법 장치를 장착하고 물속을 감지하는 장비를 갖춘 오늘날의 어선단은 50년 전과 비슷한 양의 고기를 잡아들이는데, 승선한 어부의 수는 그때에 비해 3분의 1 수준으로 줄었으며 배의 수도 크게 줄었다. 그러나 그 방식을 살펴보면 1970년의 노르웨이 어업이 훨씬 더 대단했다. 4만 3,000명의 노르웨이인이 현대적 기계 설비나 위성의 도움을 받는 항법 장치도 없이 전 세계 어획량의 4퍼센트를 책임졌으니 말이다.

하지만 약 30년 전에 노르웨이 어업은 완전히 새로운 종류의 경이를 불러왔고, 오늘날 7,000명의 노르웨이인이 유럽에서 가장 인기 있는 어종 공급을 책임지고 있다.

노르웨이 문화에서 살모 살라르Salmo salar라는 물고기 종의 중요성은 아무리 강조해도 지나치지 않다. 영어로는 '대서양 연어Atlantic salmon'라고 불리고 노르웨이에서는 그저 '라크스laks'라고 알려진 살모 살라르는 모든 훌륭한 바이킹처럼 갖은 풍상을 겪은 여행자라 할 수 있다. 민물에서 부화해 곤충과 유충을 먹이로 삼는데, 태어난 첫날부터 열정적인 사냥꾼이다. 성체가 되면 북해로 향해 오징어와 장어, 새우, 청어를 따라다니며 잡아먹고 길이 1미터, 무게 45킬로그램에 이르는 거대한 몸집으로 커진다. 조금 더 시간이 지나면 토르(북유럽 신화에서 전쟁과 농업을 주관하는 천둥의 신 ─ 옮긴이)의 힘과 프레이야(북유럽 신화에 등장하는 사랑과 풍요의 여신 ─ 옮긴이)의 열정을 모두 갖추게 되고, 물살을 헤치고 강을 거슬러 올라 다음 세대 탐험가 물고기를 탄생시키기 위해 원래의 기원인 민물로 돌아간다.

연어의 살은 잡아먹은 먹이의 분홍색 색소로 물들어 있다. 노르웨이에서는 지난 수천 년 동안 주식으로 또 별미로, 날것 그대로나 조리해서, 훈제로, 또 절임으로 연어를 먹어왔다. 땅속에 묻은 채로 발효시켜 전쟁을 앞두고 용기를 북돋기 위해 환각제로 사용하기도 했다. 연어가 가는 곳이면 어디나 노르웨이 사람들도 따라갔다. 1,000년도 더 된 노르웨이 전설은 무법자 그레티르Grettir the Outlaw가 아이슬란드 서쪽을 탐험하며 어떻게 배를 타고 스티키스홀뮈르Stykkishólmur 군도를 기적적으로 항해했는지 이야기해준다. 1,000개가 넘는 작은 섬들 사이를 위험하게 휘몰아치는 맴돌이와 소용돌이에서 살아남은 그의 배는 크밤스피외르뒤르Hvammsfjörður의 열린 물길로 들어섰다. 고요하고 누구의 손길도 닿지 않은 피오르fjord를 미끄러져 가는 동안 그레티르는 녹초가 되었다. 황록색 자작나무 숲이 그의 얼굴에 떨어지는 햇살을 물들였다. 그 숲을 빠져나가 불을 뿜는 스케고슬Skeggoxl 화산을 쳐다보았고 빙하 녹은 물이 산등성이를 타고 흘러내리는 것을 목격했다.

그레티르는 피오르 끝에 자리한 풀이 무성한 저지대에 도달했는데, 두 개의 강이 하나의 입구를 공유해 소금기 있는 바다로 향해 흐르며 스스로를 비워가는 곳이자 통통하고 쾌활한 연어들이 산란을 위해 떼를 지어 강을 거슬러 오르는 곳이었다. 자신이 섬기는 신들이 자신들의 집으로 불러들였다고 확신한 그레티르는 그곳을 아스가르드Asgard라고 이름 붙였다. 이렇게 달콤하고 안전한 골짜기, 연어가 가득한 차가운 개울이야말로 천국이 위치해야 할 장소일 터였다.

오늘날 노르웨이 대서양 연어의 99.99퍼센트는 아스가르드에 비하면 턱없이 덜 숭고한 장소에서 오는데, 그 숫자는 상상을 넘어선다. 노르웨이 시민이 1년간 자국에서 잡히는 모든 연어를 소비한다고 가정하면 모든 여성과 남성, 그리고 아이들이 매일 약 700그램의 연어를 섭취해야 할 것이다. 이는 충분히 가능한 수치다. 트림Thrym(북유럽 신화에 나오는 거인 - 옮긴이)을 유혹하기 위해 프레이야의 옷을 차려입은 토르는 앉은 자리에서 연어 여덟 마리를 급하게 먹어치웠다고 하지 않는가(복잡한 이야기다).

하지만 오늘날 노르웨이에서 생산되는 연어의 90퍼센트 이상은 수출되고 그 대부분은 유럽연합, 특히 프랑스로 향하게 된다. 그럼에도 노르웨이의 1인당 연어 소비량은 높은 편이어서 비교하자면 미국의 100배가 넘는다. 연어는 노르웨이 어디서나 볼 수 있다. 정확히 말해 싸다고는 할 수 없지만, 물가가 극도로 비싼 노르웨이의 식료품 가게에서 그나마 가장 싸게 살 수 있는 것이 연어다. 화요일 저녁에 생선 장수에게 특별히 부탁해 구해야 하는 생선은 아니라는 말이다. 하지만 예전에는 그렇지 않았다.

내가 아이였던 1970년대에 전 세계의 대서양 연어 생산량은 연간 1만 3,000톤을 유지했다. 오늘날 대서양 연어 생산량은 300만 톤에 가까우니 2만 퍼센트 이상 성장했다고 말할 수 있다. 내가 좀 더 자랐을 때, 연어는 대구나 명태 혹은 다른 그 어떤 흰살생선에 비해 훨씬 호사스러운 음식이었다. 내 친척들은 연어를 그리 자주 상에 올리지 않았는데, 그것이 상에 오르는 날이면 우리는 껍질까지(우웩) 남김없이 먹어야 했다. 오늘날에는 맥도날드에서조차 연어를 살 수 있다(적어도 싱가포르 정도는 되어야겠지만). 대체 그동안 무슨 일이 일어난 것일까?

간단하게 답하자면, 대서양 연어는 더 이상 바다로부터 오지 않는다. 50년 전, 전 세계의 고깃배들은 매년 바다로 나가 1만 3,000톤의 연어를 바다로부터 끌어 올렸다. 1990년부터 이 수치는 급격히 떨어졌고 올해에는 2,000톤의 연어만 바다에서 잡힐 것이다(여전히 전 세계 어획량의 10퍼센트는 노르웨이가 차지하고 있다).

1960년대 후반, 노르웨이인들은 살모 살라르를 잡는 데 필요한 시간과 연료, 생선을 잡을 때 감수해야 하는 위험 등에 관해 의문을 갖기 시작했다. 북해로 나가 고기를 몇 마리씩 잡는 대신, 그 알들을 모아 우리에 가두어놓고 부화시킨 후 잘 먹여서 살을 찌웠다가 필요할 때마다 잡아들이면 안 되는 걸까 질문하게 되었다. 세상 곳곳에서 생선뿐 아니라 굴, 오징어, 게, 새우, 바닷가재에 이르는 모든 해산물에 관해 비슷한 의문을 갖게 되었다. 온 바다를 휘젓고 다니는 대신 이런 생물들을 우리와 울타리와 그물, 인공 연못, 농장에서 키우면 되지 않을까? 이렇게 '양식'이라는 산업이 태어났다.

내가 미네소타의 갓난아이로 한창 바쁘던 1969년, 오베와 시베르트 그뢴트베드Ove and Sivert Grøntvedt 형제가 연어 치어 2만 마리를 노르웨이 서부 해안 히트라Hitra섬 근처에 쳐놓은 그물 안에 방류했는데 이 연어들은 죽지 않고 살아남았다. 피오르의 고요한 물속에 갇혀서, 연어들은 잘 자라났다. 그뢴트베드 형제는 이 연어들을 잡아들였고 사업 첫해부터 수익을 만들어냈다.

1990년이 되자 노르웨이 피오르에 자리한 양식장 울타리 안에서 살아가는 살모 살라르가 그해 바다에서 잡히는 연어보다 100배 이상 많아졌다. 5년 후, 노르웨이 양식장의 대서양 연어 생산량은 두 배로 증가했고 2000년에는 다시 그 두 배가 되었다. 이 산업이 시작된 지 20년 만에 노르웨이에서 양식하는 대서양 연어는 매년 100만 톤을 넘어섰다.

연어 양식이라는 판도라의 상자를 여는 것과 비용은 관련이 없을 수 없다. 전통 방식의 고기잡이에는 분명한 이점이 있다. 이 경우 연어들은 스스로 부화하고 스스로 먹이를 잡아먹으며 자신들의 노력으로 생존을 이어가거나 실패하거나 한다. 양식장 안에서 연어를 키울 경우에는 부화시키고 먹이를 주고 목욕을 시키고 예방주사도 놓고 약도 주고 벌레와 기생충도 잡아주고 검사를 위해 마취도 해야 하고 꼬리표를 달아야 하고 아무런 상처도 내지 않고 여기에서 저기로 옮겨주어야 한다. 홍합이 자리 잡지 못하도록 양식장 울타리에 구리 칠도 해야 하고 크기를 불문하고 인간보다 다섯 배 자주 배설하는 물고기의 특성상 배설물 찌꺼기를 걸러내서 물 밖으로 버려야 한다.

전형적인 노르웨이의 연어 양식장은 여섯 개에서 열 개의 원통형 케이지로 구성되는데, 각각의 케이지는 거대하고 닫힌 그물을 지탱하기 위해 해저에 고정되어 있고 표면에 부력을 가했다. 지름은 50미터이고 깊이 역시 비슷하다. 위에서 보면 올림픽 수영 경기장 정도 크기의 케이지 안에서 100만 마리의 연어가 위를 향해 헤엄쳐 다닌다.

이런 양식장은 연어의 짧은 생에서 두 번째와 세 번째 해를 보내는 동안 그들의 집이 되어준다. 다 자라나면 실내로 옮겨져 담수 탱크 안에서 지내게 된다. 양식장 그물 안에서 보내는 24개월 남짓 동안 각 연어는 6킬로그램에 달하는 항생제와 1킬로그램의 물고기 기생충 퇴치제와 9킬로그램의 마취제를 섭취한다. 1만 5,000톤의 먹이를 먹고 5,000톤의 배설물을 만들어낸다. 무게가 5킬로그램 정도 되면 그물로 건져 올려 가공한다. 각각의 양식 우리에서 매년 3,000~4,000톤의 연어가 생산되는데 노르웨이 서부 해안에는 이런 연어 우리 수천, 수만 개가 떠 있다.

적어도 기원후 1000년 이래 노르웨이 선원들은 그린란드와 노르웨이 사이를 오가며 1,000년 동안 얼음처럼 차가운 대서양을 항해했다. 1980년대 중반 들어 노르웨이는 놀라울 정도로 편리하고 풍요로운 양식장과 환경 문제 사이에서 저울질을 했는데 결국은 양식 산업이 승리를 거두었다.

1990년 이전에는, 야생 해산물의 전 세계 포획량이
실제로 증가하고 있었다. 1969년과 1990년 사이에 거의
두 배가 되어서 6,000만 톤에서 1억 톤 조금 못 미치는 정
도로 늘어났다. 이런 총량의 대부분은 깊은 바닷속에서 잡
히는 물고기가 차지했는데 가장 깊은 곳에서는 대구와 명
태가, 조금 위쪽에서는 참치와 고등어, 청어가 잡혔다. 그
러다 많은 나라에서 야생 물고기 개체 수가 줄어들고 있다
는 것을 깨닫게 되었고, 양식장 가동이 모든 문제의 해결책
처럼 보였다. 양식장은 혹사당하는 바다가 지는 부담을 줄
이는 해결책인 동시에 늘어나는 인구에 단백질을 공급할
새로운 원천이 되어준 것이다.

1990년은 노르웨이뿐 아니라 전 세계 어업에 중요한
변곡점이었다. 1990년과 지금 이 순간 사이 전 세계 해산
물 생산량은 두 배가 되었는데, 바다에서 잡은 물고기의 양
은 변함이 없다. 현재 전 세계에서 소비되는 물고기의 절반
이상은 양식장에서 키운 것이다. 이는 지난 50년 동안 인
류의 식량 생산 능력이 놀랍게 향상되었기 때문이다. 우리
가 5장과 6장에서 본 곡류 및 육류 분야의 생산 증가가 어
업에서도 일어난 것이다.

1969년에 지구의 모든 인류는 4,000만 톤에 이르는
해산물을 먹었는데 그중 85퍼센트는 생선이었다. 오늘날
매년 소비되는 해산물의 양은 그때에 비해 세 배나 늘었는

데 그중 상당 부분은 50년 전만 해도 슈퍼마켓에서 여섯 배나 찾기 어려웠던 새우, 게, 굴 등의 진미가 차지하고 있다. 이런 해산물 대부분은 양식장에서 온 것이다. 동중국해의 개펄에는 광대한 가리비 농장이 펼쳐져 있고, 벽으로 둘러싸인 인도네시아의 강어귀에는 셀 수 없이 많은 새우가 커간다.

물고기를 얻는 방법의 이러한 큰 변화는 우리가 바다에서 구해 먹을 수 있는 것뿐 아니라, 바다에 살 수 있는 생물을 변화시키는 위협까지 가져왔다. 물고기는 비교적 짧은 소화관 때문에 육지에서 사는 동물에 비해 훨씬 더 많은 단백질을 필요로 한다. 이런 단백질 공급을 위해 양식 시설에서는 작은 물고기를 잡아 익혀 압착하고 건조한 후 가루 형태로 만든다. 이런 작은 물고기들은 외해에서 잡은 것이다.

1킬로그램의 연어를 얻으려면 3킬로그램의 연어 먹이가 필요하다. 1킬로그램의 연어 먹이를 얻으려면 5킬로그램에 이르는 물고기를 갈아야 한다. 그러다 보니 양식장에 가둬놓고 키우는 연어 1킬로그램을 얻으려면 바다에 사는 작은 물고기 15킬로그램이 필요해진다. 지금은 바다에서 잡히는 물고기 3분의 1가량이 분쇄되어 양식장 물고기의 먹이로 사용된다. 멸치와 청어, 정어리는 전 세계에서 가장 많이 잡히는 물고기인데 그 대부분은 양식장 물고기의 먹이로 사용된다. 이렇게 다른 생물의 먹이가 되기도 하는 작은 물고기는 바다에서 가장 작은 식물과 동물인 플랑크톤을 먹고 살아간다. 먹이 물고기는 바다의 먹이사슬 가장 아래쪽에 자리하면서 돌고래, 바다사자, 혹등고래 등을 포함한 훨씬 카리스마 넘치는 바다생물의 안정적인 먹이 역할을 한다. 작은 물고기들이 점점 더 많이 양식장으로 향한다는 것은 바다에서 이런 생물들의 먹이가 점점 더 줄어든다는 의미이기도 하다.

가장 낙관적인 양식 전문가는 바다에서 이런 먹이 물고기를 매년 3,000만 톤 정도만 잡아들이면 먹이사슬이 지속 가능하다고 본다. 지금 우리는 이 수치의 75퍼센트 선에 와 있다. UN에서는 2030년까지 인간이 지금보다 물고기 2,000만 톤을 더 소비하게 될 것이라고 예측한다. 지금과 같이 비효율적인 양식을 통해 물고기들을 생산한다면 매년 바다에서 2,800만 톤의 먹이용 물고기를 잡아들여야 하는데, 이는 유엔에서 정한 3,000만 톤이라는 제한선 턱밑까지 올라오는 수치다. 앞으로는 어디로 가야 할까?

양식 이야기는 육류 이야기와 거의 흡사해서 장소만 바닷속으로 바뀌었을 뿐이다. 지상에서 이루어지는 육류 생산 과정을 그대로 반영하고 있다. 수백만 마리의 동물이 좁은 공간에 갇혀 짧은 삶을 살고 나서 우리 뱃살로 자리 잡는 대규모의 자원 유용이라는 점에서 말이다. 육류와 마찬가지로 우리가 물고기를 조금 덜 먹는다면 이는 그만큼 다른 누군가의 식량 문제를 해결해주는 것이 된다.

지난 50년 동안 사람들은 물고기 양식을 위한 가두리만 해저에 묶어놓을 수 있는 것이 아니라는 사실을 확인하게 되었다.

정확히 말하면 녹조류, 홍조류, 갈조류 등 온갖 해초류도 잘라서 다른 곳에 고착시킬 수 있는데 그러면 원래 크기보다 두 배, 세 배, 네 배에 이르도록 자라고 원할 때면 언제든지 거둬들일 수 있다. 즉, 성장과 수확의 과정을 몇 번이나 거듭할 수 있는 것이다. 중국 해안에는 이렇게 떠다니는 해초의 숲이 수백만 제곱미터에 걸쳐 퍼져 있는데, 새들의 노래만 없을 뿐이지 해초들이 부드러운 산들바람 같은 물결을 따라 넘실거리듯 움직이고 그 차양 아래로 빛이 얼룩덜룩하게 바닷속으로 스며 들어온다.

해조류는 1,000년 넘도록 일본과 중국, 한국의 식탁에 올랐는데 특히 다시마로 더 잘 알려진 라미나리아Laminaria는 갈조류의 일종이고, 김으로 알려진 포르피라Porphyra는 잘 마르면 반짝이는 검정색으로 변하는 홍조류의 일종이다. 양식으로 인해 새우, 게, 참치, 연어의 인기가 폭등하면서 김은 초밥의 모양을 잡아주는 반짝이는 검은색 끈으로 전 세계에 널리 알려지게 되었다.

해조류 생산의 전 세계적 증가는 지난 40년간 산업 차원의 양식이 발전하면서 생선보다 더욱 두드러졌다. 1969년에는 전 세계 바다에서 200만 톤 조금 못 미치는 해초가 생산되어 시장에서 거래되었다. 오늘날 이 수치는 2,500만 톤에 이를 정도다. 전 세계적으로 인기를 끄는 초밥에 사용되는 해초의 양은 전체 소비량에 비한다면 극히 일부에 지나지 않는다.

전 세계 연간 해초 생산량의 거의 절반에 이르는 900만 톤은 사람이 먹어서 소비하지 않는다. 일부는 말려서 분쇄한 후 토양을 위한 비료로 사용되고 또 일부는 동물의 먹이로 사용되며 나머지는 화학물질을 첨가해 화장품, 보습제, 샴푸, 치약, 윤활제, 잉크, 붕대 등 아주 다양한 제품으로 가공된다. 나머지 절반은, 이것이 해초인지 알지 못하는 형태로 사람들이 먹게 된다.

해초는 점성 용액을 만들 때 필요한 '하이드로콜로이드hydrocolloids'(물에 잘 녹아드는 커다란 분자) 제조에 사용된다. 여기에는 세 종류가 있는데 하나는 알긴산alginate, 또 하나는 한천agar, 마지막은 카라기난carrageenan이다. 이 세 가지는 거의 모든 용액을 진하게 만드는 데 사용되는 저칼로리 탄수화물이다. 오늘날 우리가 구입하는 대부분의 아이스크림이나 휘핑크림, 샐러드 드레싱은 콩과 해초 추출물로 만드는데, 이 또한 우유와 계란, 크림과 비슷한 식감을 내기 위한 것이다.

해초 추출물은 우유와 계란이 주재료인 점도 증진제처럼 불쾌한 냄새가 나지 않기에 프로스팅(케이크 등에 설탕을 입히는 것-옮긴이), 크림 필링, 젤리, 잼 등에 사용되던 상하

기 쉬운 동물성 원료를 대신해 음식의 점성을 높이고 안정
화하는 역할을 맡는다. 해초를 원료로 삼는 알긴산과 한천,
카라기난은 지난 50년간 음식에 관한 개념을 완전히 바꿔
놓은 혁명적인 새로운 화학물질 스무 가지에 포함되는데,
어떤 면에서는 우리에게 아무런 도움이 안 된다고 할 수
있다.

　　해초로 만든 하이드로콜로이드는 내가 아이였을 때
는 보기 힘들었지만 지금은 어디서나 발견할 수 있는 것들
의 탄생에 일조했다. 몇 년 동안 누군가가 먹어주기를 기
다리고 있는 일련의 음식들 말이다. 개봉되면 이 음식들
은 밀폐되었던 그날과 거의 똑같은 맛을 낼 수 있다. 그 결
과 수백 미터만 가면 나오는 편의점과 자동판매기에서 캔
디, 케이크, 파이, 도넛 등을 발견할 수 있게 되었다. 하지만
1969년 또 다른 화학물질이 발명되어 우리가 먹고 마시는
방식이 완전히 바뀌고 말았다. 비타민이나 미네랄, 기타 영
양소가 전혀 들어 있지 않고 그저 칼로리뿐인 물질. 그것이
우리와 우리 아이들의 삶을 참을 수 없이 달콤하게 만들어
놓았다.

⑧
설탕 만들기

액상과당의 발전은
전 세계 감미료 소비나 전 세계 설탕 교역에
대단한 의미를 지니지 못할 것이다.
– 〈농업경제학 저널〉(1978)

때때로 나는 아버지가 그리워 음식 맛을 느끼지 못할
정도가 되곤 한다. 전보다는 나아졌지만 지금도 가끔은 너
무 힘들어서 아버지가 정말 세상을 떠나셨다는 사실이 믿
기지 않는다. 아버지는 2016년 92세로 세상을 떠났다. 어
머니와 세 오빠와 내가 병실에서 마지막 순간을 맞은 아버
지를 둘러싸고 앉아 있었고, 의사가 기관지에 삽입한 호흡
기를 떼어내는 동안 침대로 다가가 아버지를 끌어안았다.
숨소리가 점점 불규칙해지더니 마침내 멈추었고, 간호사가
마지막으로 심전도 모니터를 끄고 플러그를 뽑으며 눈물
을 훔치는 것을 보았다.

아버지를 잊게 될까 봐, 아버지에 대한 기억이 희미해

져버릴까 봐 걱정했지만, 그런 일은 없었다. 아버지의 얼굴을 그리거나 목소리를 듣기 위해 눈을 감을 필요조차 없었다. 그보다 훨씬 깊은 곳에 남아 있으니까. 어머니에 따르면 아버지는 몇 시간이고 '아무 이유 없이' 아기인 나를 계속 안아주었다고 한다. 어린 시절 나의 뇌는 아기인 나를 안아주던 아버지의 냄새, 아버지의 숨소리, 아버지의 몸짓을 익혀 내가 내 이름을 알기도 전에 그것들을 알게 만든 것이다. 운이 좋아서 내가 무어라고 불렸는지 기억하지 못할 나이가 될 때까지 살 수 있다면, 그때에도 나를 가장 처음 사랑해주고 가장 많이 사랑해준 사람인 아버지에 대해서는 기억할 것 같다.

'맛있는 음식에는 코크, 우아! Coke with chow; wow!'는 아버지가 자리에 앉아 코카콜라를 **마실 때마다** 외치던 당시 광고 문구인데, 그때 아버지의 목소리는 의심이 살짝 깃든 흥미로움의 주파수에 완벽하게 맞춰져 있었다. 러디어드 키플링(《정글북》의 저자로 노벨문학상을 수상한 영국 소설가이자 시인 - 옮긴이)의 시를 암송할 때와 똑같은 목소리로 말이다. 1970년대의 다른 많은 가정과 마찬가지로 우리도 그 탄산음료를 매일 마시지는 않았고 어머니가 외출했을 때 임시변통의 저녁 식사와 함께 마시곤 했다. '맛있는 음식에는 코크, 우아'는 스크램블드에그와도 연관이 있는데, 어머니가 간호학교 저녁 수업에 참석하느라 바쁠 때 내가 차릴 수 있도록 배운 첫 음식이기 때문이다.

배가 고플 때 아버지가 할 수 있는 일은 식탁에 앉아 음식이 차려지기를 기다리는 것뿐이었다. 나는 평생 아버지가 스토브를 켜는 것을 본 적이 없다. 이런 태도에 대해 까다롭게 굴거나 비판적일 수는 없었다. 아버지 역시 음식에 대해 그랬으니까. '맛있는 음식에는 코크, 우아!'는 일곱 살 난 딸이 덜 익은 계란이 담긴 접시를 앞에 놓아줄 때마다, 여덟 살짜리 딸이 다 타버린 팬케이크를 쌓아 올릴 때마다, 열 살짜리 딸이 물기 줄줄 흐르는 파스타를 덜어 그 위에 깡통에 담긴 토마토소스를 얹어줄 때마다 언제나 아버지가 외치던 말이다. 그러곤 음식을 먹기 시작했는데, 아버지가 고마운 표정으로 음식을 더 요청할 때까지 모든 이야기가 중단되곤 했다.

'맛있는 음식에는 코크, 우아!'는 1956년에만 아주 잠시 사용된 광고 문구였지만 우리 가족에게는 무언가 말할 기회가 있을 때마다 영원히 울려 퍼지게 될 것이다. 내 아버지는 내가 태어나기 13년 전에 이 광고 문구를 처음으로 들었을 텐데 그 후 40여 년 동안 나에게 이 말을 되풀이해 말하곤 했다. 이제 타깃 필즈 야구장 관람석에 앉아 트윈스가 워밍업 시작하기를 기다리며 펩시콜라를 마실 때마다 내가 아들에게 이 말을 하곤 한다. 더그아웃에 누가 있는지 살펴보며 잡담을 나누는 동안, 나는 아들에게 '맛있는 음식에는 코크, 우아'를 외치던 외할아버지에 관해 여러 이야기를 들려주곤 했다. 특히 80세가 된 아버지가 갓난아기였던 손자를 몇 시간씩, 아무 이유 없이 안아주던 그해의 여러 가지 이야기를 말이다.

오래전에 미국에서 대부분의 식임은 힘든 육체적 노동을 필요로 했다. 미국 여성은 가족을 위해 고탄수화물 음식을 준비하느라 상당한 시간을 보냈다. 튀기거나 끓이는 편이 조리가 빠르고 빵 굽기와 통조림 만들기는 시간이 많이 걸린다. 파이, 쿠키, 케이크는 준비 시간에 더해 오븐에서 익히는 시간도 필요하다. 젤리와 잼 같은 보존식품은 재료를 거르고 젓고 살균하고 밀봉해야 해서 며칠까지는 아니더라도 오전 시간을 손쉽게 잡아먹을 정도다. 여성들이 집을 떠나 일을 하기 시작하자 가정 내 요구를 충족시키는 데 필요한 시간이 줄어들어 빵 굽기처럼 시간이 많이 걸리는 일은 합리적인 근거에 의해 가장 먼저 포기되었다. 따라서 1950년에서 1975년 사이 각 가정에서 구입하는 백설탕 양이 급속도로 감소했다. 그런데 같은 기간 동안 미국인이 매일 평균적으로 섭취하는 설탕의 양은 오히려 증가했다.

이런 현상은 여성들이 이 기간 동안 그 어느 때보다 많은 디저트를 제공했다는 아이러니와 연관이 있다. 다만 이런 일이 집 밖에서 이루어졌다는 것에 주목해야 한다. 1950년대 전후의 경기 호황기에 100만 개에 이르는 웨이트리스 일자리가 새로 생겨났다. 미국의 비즈니스맨들은 일을 위해 더 멀리까지 가야 해서 집 밖에서의 식사와 비즈니스 런치라는 개념이 일상화되었다. 2005년까지 미국인들은 하루 섭취 칼로리의 3분의 1을 음식점을 통해 얻었다.

그러나 미국 역사에서 새로운 당분의 가장 중요한 공급원은 '간편식convenience foods'이었다. 1950년대에 식품 회사 제너럴 푸즈General Foods에서 처음 만들어낸 이 말은 '사고 보관하고 개봉하고 준비하고 먹기에 모두 쉬운' 일련의 음식과 음료를 가리킨다. 이런 즉석식과 간식은 미국 슈퍼마켓 진열대와 주유소 선반과 자동판매기를 가득 채웠다. 2010년에 미국인들이 음식에 지출하는 돈의 절반은 이런 간편식에 쓰였다.

간편식에는 설탕이 잔뜩 들어 있다. 포장된 케이크, 쿠키, 사탕은 물론이고 즉석식에 사용되는 소시지, 베이컨, 햄 및 즉석식에 맛을 첨가하는 치즈와 소스에도 설탕이 들어 있다. 오늘날 미국인들이 구매하는 음식 네 가지 중 세 가지에는 소비자들에게 더욱 매력적으로 보일 수 있도록 정제 설탕이 첨가된다.

1970년대의 평균적인 미국인은 주당 450그램의 당분을 간편식에 들어간 감미료 형태로 섭취했다. 그 후 수십 년 동안 미국인들의 근무일은 점점 더 길어졌다. 필요를 만족시키기 위해 미국 가정들이 점차 간편식에 의지하면서 당분의 평균 섭취량이 2004년 주당 약 700그램까지 치솟았다.

'맛있는 음식에는 코크, 우아'가 등장했던 1956년은 까마득히 오래전이다. 이제 누가 코카콜라 캔을 보고 '우아' 같은 소리를 내는 반응을 상상하기는 어렵다. 1960년대에는 코카콜라 광고가 훨씬 존재론적이 되어서 '코카콜라와 함께라면 더욱 신나요Things go better with Coke'라는 문구가 '음식'이라는 실재적인 대상을 대체했다. 코카콜라는 1969년에는 '상쾌한 그 맛the Real Thing'으로 발전해갔고 1982년에는 그저 단순하게 '그것뿐Coke is it'이 되었다. 1993년 코크의 슬로건은 가차 없이 절대적이 되어 '언제나 코카콜라Always Coca Cola'가 등장했다. 그때 미국의 수많은 냉장고 안에는 이 말처럼 언제나 콜라가 들어 있었다.

비교적 최근인 2007년에는 미국인들이 평균 43시간마다 펩시나 코카콜라 캔을 하나씩 소비하는 것으로 나타났고, 그 후 콜라 소비가 감소했지만 미국의 모든 남녀 및 어린이는 여전히 평균 주당 1리터 정도를 마시고 있다.

사실 1962~2000년의 급격한 설탕 소비 증가는 음식이 아닌 탄산음료, 스포츠 드링크류, 과일 주스, 레모네이드 등 음료의 형태로 이루어졌다. 1977년 하루건너 한 캔 정도였던 당분 음료의 미국인 평균 섭취량은 2000년에 이르러 17시간당 한 캔으로 증가했다. 오늘날 당분이 들어간 음료는 가장 가격이 싼(그리고 아무런 영양분이 없는) 칼로리원으로, 미국인들이 소모하는 모든 칼로리의 10퍼센트를 차지한다.

이미 1세기 전 시장에 등장한 설탕이 들어간 음료가

왜 지난 50년 동안 이렇게 급격하게 많이 소비된 것일까? 그 대답에 아마 많은 사람이 놀랄 것이다. 두어 해 동안 나쁜 날씨가 이어졌던 과거로 돌아가봐야 한다.

과일과 꿀은 지난 1,000여 년 동안 인간의 음식을 달콤하게 만들어주었다. 중세 시대 상인들은 햇살이 내리쬐는 열대 지역에서 자라는 사탕수수로부터 건조한 형태의 설탕을 정제하고 결정화하는 방법을 알게 되었는데, 나중에는 유럽의 자갈 토양에서 캐낸 사탕무로도 설탕을 만들어내게 되었다. 오늘날 우리가 식탁에서 사용하는 흑설탕, 황설탕, 백설탕에 이르기까지 대부분의 설탕은 수크로스sucrose라 불리는 정제된 합성 물질이다.

양 날개로 나는 나비처럼 설탕은 두 가지 화학물질이 결합해 만들어진다. 한쪽 날개는 포도당(글루코스)이고 다른 쪽 날개는 과당(프럭토스)이다. 사탕수수 혹은 사탕무로부터 정제된 이 '나비'는 미국인들이 1950년대에 2킬로그램들이 봉투째로 사서 집으로 향해 식료품 저장고에 보관하던 기본 식품으로, 오늘날의 미국 식습관에서는 더 이상 지배적인 당류 형태가 아니다.

1972년 끔찍한 가뭄이 헌 러시아 일대의 광대한 농장지대를 덮쳤다. 곡창 지대로 알려진 우크라이나의 경우 특히 피해가 심했다. 몇 년 동안 비가 내리지 않아 사탕무 수확에 심각한 피해를 입었다. 이런 부족을 해결하기 위해 소련은 다른 나라로부터 곡류와 설탕을 수입하려고 수십 년 만에 처음으로 세계 무역 시장에 모습을 드러냈다.

러시아의 가뭄이 끝나자마자 거기서 1만 1,000킬로미터 떨어진 열대 지역에 허리케인 카르멘이 닥쳤다. 카리브해와 멕시코만을 호되게 강타해 푸에르토리코와 루이지애나의 사탕수수 농장을 황폐화시켰다. 그 후 몇 년 동안 사탕수수 수요가 높아지는 가운데 공급이 줄어들어 미국인들은 천정부지로 치솟는 설탕 가격을 확인하게 되었다. 이런 혼란 뒤로 별 상관없는 것처럼 보였던 미국 일상재 수출품 중 그 가치가 조용히 두 배로 오른 품목이 있었다. 그 원자재가 바로 옥수수 전분이었다.

속대에서 뽑아낸 옥수수는 그 알을 다시 심거나, 통째로 먹거나, 갈아서 기본 성분인 지방과 단백질과 전분으로 추출해내거나 한다. 옥수수 전분은 아주 간단한 구조의 화학물질인데, 크리스마스 장식에 사용되는 종이 천사 고리처럼 모두 나란히 늘어서 있는 수백 개의 분자로 이루어져 있다. 1960년대에 일본 식품과학자들은 이 옥수수 전분을 개별적인 단위로 완벽하게 잘라내는 방법을 개발했고, 포도당 분자를 꼬아 과당 분자로 만드는 방법을 발견했다. 흥미롭게도 그 최종 산물은 결정이 아닌 시럽 형태의 설탕이었다. 이 시럽은 우리가 사용하는 일반 설탕보다 과당을 훨씬 더 많이 포함하고 있다. 사람들은 이 결과물에 액상과당high-fructose corn syrup, 약자로는 HFCS라는 이름을 붙였다.

1974년에 설탕 부족 사태로 당황한 적이 있던 미국은, 전 지역에서 재배되는 엄청난 양의 옥수수로부터 액상과당을 얻기 위해 온 힘을 다했다. 미국이 세계 최고의 액상과당 생산국이 되는 데에는 그리 오랜 시간이 걸리지 않았다. 1982년까지 미국은 매년 1,000톤 이상의 액상과당을 수출했다. 액상과당은 일반 설탕 소비를 대체했고, 오늘날 미국인이 당분을 통해 섭취하는 칼로리 3분의 1은 액상과당으로부터 오는 것이다.

액상과당은 여러 가지 이유로 일반 설탕보다 낫다. 결정화된 설탕은 산과 섞이면 가수분해를 하는 난처한 특징이 있는데, 그러면 이상한 맛이 나고 색도 갈색으로 변한다. 액상과당은 이런 문제가 없을 뿐 아니라 흡습성이 있어 언제나 액체 상태를 유지하니 시간이 지나도 늘 신선한 상태여서, 몇 달 혹은 몇 년 동안 선택되기를 기다려야 하는 주유소 매점 선반이나 자동판매기에 놓이는 포장 제품용으로 완벽했다.

가장 중요한 점은 액상과당은 이미 녹아 있는 용액 상태라 음료 제조업자들에게 가장 이상적인 감미료라는 것이다. 이런 장점으로 인해 액상과당 생산량은 하늘 높이 치솟았고, 전분을 만들기 위해 분쇄하는 미국산 옥수수의 양 역시 매년 드라마틱하게 늘었다. 2001년 미국에서는 옥수수 전분으로 900만 톤 이상의 액상과당을 만들어냈는데 그 95퍼센트가 간편식과 단맛 나는 음료에 사용되었다.

1970년대에는 전무했다가 2000년 전체 칼로리의 10퍼센트를 차지하게 된 액상과당의 가파른 사용 증가는 비슷한 시기 미국인들의 체중 증가와 겹쳐지면서, 무엇보다 비만의 만연과 액상과당의 책임에 관한 과학자들의 논쟁을 불러일으켰다. 양쪽에서 충분히 의미 있는 주장들이 나왔다. 액상과당은 미국인들의 식습관에 있어 과당 섭취를 증가시켰는데, 동물 실험에서 과당을 많이 섭취하면 지방과 인슐린 대사에 문제가 생긴다는 사실이 확인되었다. 다른 편에서는 액상과당 섭취가 늘어난 것은 사실이나 신체적 활동이 늘지 않았기에 칼로리 과잉으로 이어진 것일 뿐이라는 주장도 있다.

　　액상과당이 일반 설탕보다 문제가 더 많은지는 확실하지 않지만, 설탕과 액상과당을 섭취하는 것이 이 두 가지를 아예 먹지 않는 것보다 나쁘다는 것만은 확실하다. 이런 성분이 들어간 음료 대신 물을 마시면 문제도 없고 위험도 없다. 몇몇 연구가 그 대단한 효과를 보여주었다. 그 때문에 영양 개입 프로그램이 탄산음료를 목표로 삼았고, 많은 소비자가 그 캠페인에 호응한 것이다. 미국 내 2012년 탄산음료 판매량은 2007년에 비해 12퍼센트 줄어들었고 설탕 소비량 역시 감소했다. 설탕은 20년 전에 비해 그 영향력이 줄었지만 내가 어린아이였던 1970년대에 비해서는 여전히 두 배 넘는 소비량을 보여준다.

　　이쯤에서 아마 궁금해질 것이다. 미국인들이 액상과

당 소비를 줄였다면 그 나머지 잉여분 수천만 톤은 어떻게 되는 걸까? 대답은 간단하다. 전 세계에서 탄산음료 소비량이 가장 높은 멕시코로 수출하는 것이다. 멕시코에서는 한 사람이 평균 12퍼센트의 칼로리를 액상과당이 들어 있는 간식으로부터 얻는데, 여기에는 단맛 나는 음료와 포장된 간편식 등이 포함되어 있다. 이런 식습관은 아이들에게 특히 심각한 영향을 미친다. 멕시코 청소년 80퍼센트 이상이 권장량보다 훨씬 더 많은 당분을 섭취하고 있다.

액상과당은 미국과 멕시코, 캐나다 밖에서는 아직 널리 소비되지 않는다. 북미 지역 중심의 생산물로, 미국산 옥수수의 계속적인 잉여로 인한 새로운 부산물이기 때문이다. 지구상 옥수수 전분의 20퍼센트는 미국에서 생산된다. 전 세계적인 수요로 인해 수지타산이 맞는다면 미국은 하룻밤 사이에도 액상과당 생산을 쉽게 두세 배로 늘려 수출에 나설 것이다.

다시 순수한 옛날 형태의 설탕 이야기로 돌아가보자. 이런 설탕 역시 엄청나게 많이 먹고 있으니 말이다. 1969년 전 세계 인구는 6,000만 톤의 설탕을 소비했다. 그후 전 세계 설탕 소비량은 거의 세 배로 뛰었다. 올해 미국은 양키스 스타디움을 세 번 넘게 채울 수 있는 양의 설탕을 수입할 것이다. 그렇다면 어떻게 되는 것일까? 우리 접시에 올라오는 이 모든 설탕과 고기, 채소, 곡류, 계란과 치즈 같은 유제품에 도대체 어떤 일이 일어날까? 이 음식물들은 어디서 끝을 맞게 될까?

그중 40퍼센트의 음식은 바로 쓰레기가 되어버린다.

⑨
모두 던져버리기

더 이상 바라보지 말라.
무정하게 땅에 던져버려야 한다.
별들이 더 이상 바라보지 못하도록
하수관이 그 존재를 삼켜버리도록 하라.
-토머스 미들턴,〈체인질링〉(1622)

미네소타주 피그스아이(우편번호 55102)는 이름처럼 대
단한 곳은 아니다. 매년 겨울이 되면 밖이 꽁꽁 얼어붙는
날이 90일 정도 이어지고 4도 이상으로 올라가는 날이 일
주일 정도밖에 되지 않는다. 만일 당신이 20년 전 피그스
아이에 살았다면, 대로변 하수관이 터졌을 때 큰 트럭을 타
고 와 오물 더미를 파헤쳐 수리하는 나의 오빠를 볼 수 있
었을 것이다.

오빠는 자신이 전화 응대를 하다가 승진했다고 말했
다. 위생과 직원들은 얼어붙은 오물로 돌진하는 일을 전혀
주저하지 않았지만 사람들과 이야기하는 것은 끔찍이 싫
어했다. 그러니 공공 기관 건물 지하에 자리한 위생과의 전

화가 울리고 또 울려도 받는 사람이 없었다. 전화벨 소리가 참을 수 없을 정도가 되면 오빠는 직접 수화기를 들고 "여보세요?" 했다. 그렇게 늘 전화를 받아 대답을 했으니 위층에서 일하는 높은 사람들은 그가 책임자라고 생각했을 것이다. 그렇게 해서 책상에 앉아서 하는 일을 얻었다고 오빠는 말했다.

피그스아이는 1840년에 생겨난 마을로, 당시 가장 유명한 사업가였던 피에르 '피그스아이' 파렌트Pierre 'Pig's Eye' Parrant라는, 미시시피 강둑의 굴에서 술을 만들어 거래하던 밀주업자의 별명에서 이름을 가져왔다. 1년 후 프랑스계 캐나다인 신부가 이 개척지를 '세인트폴'이라고 개명했고, 꼭 그럴 필요가 없음에도 피그스아이를 살고 싶은 곳처럼 만들기 위한 영웅적인 첫 노력을 공식적으로 알렸다.

내가 미니애폴리스의 대학생이던 1980년대에, 세인트폴은 사람들이 생의 마지막을 보내러 가는 도시로 알려졌다. 당시 작은 마을 피그스아이에는 80세 넘는 사람들이 1만 명 이상 살고 있었다. 이후 그곳은 삶을 시작하러 가는 도시가 되었다. 막 가정을 꾸린 사람들은 급격히 올라가는 미니애폴리스의 주택 가격을 감당하지 못하고 강을 건너 물가가 조금 더 싼 곳을 찾았던 것이다. 이런 사람들이 내 오빠를 만나 30년 넘게 세인트폴에 살아왔다는 사실을 알게 되면 호기심 가득한 눈빛으로 젠트리피케이션과 관련해 가장 전망이 괜찮은 지역은 어디인지 물어보곤 했다.

"이러저러한 초등학교에는 아이를 보내지 마세요." 오빠는 충고하곤 했다. 그러면 사람들은 질문했다. 아이들이 학습 능력이 떨어져서? 마약을 해서? 범죄율이 높아서?

"아아뇨, 그 학교 지하로 하수 설비가 지나가고 있어요. 하수관이 더 이상 버텨내지 못할 거예요."

우리가 먹는 음식의 (양으로) 10퍼센트는 몸속에서 고체 상태의 폐기물로 존재하게 된다. 물론 이 폐기물은 완전히 변형된 상태로, 먹은 것을 소화할 수 있도록 우리에게 큰 도움을 주는 박테리아를 함유하고 있다. 건강하게 잘 살려면 장 안에 이런 박테리아가 엄청나게 많이 존재해야 하지만, 아주 적은 수라도 박테리아가 입 근처로 올라오면 심하게 아플 수도 있다. 평균적인 성인은 매주 1킬로그램에 이르는 대변과 15리터의 소변을 만들어내는데, 이런 노폐물은 만들어진 곳에서 멀리 떨어진 곳으로 운반되어 어느 정도는 즉시 무독한 형태로 바뀌어야 한다.

세인트폴의 30만 주민은 매일 36톤의 대변과 55만 리터의 소변을 만들어낸다. 이런 인간의 배설물 양을 가늠하기 위해 나의 트레이드마크가 된 익숙한 시각적인 비교법을 이번엔 사용하지 않으려 했는데…… 그럴 수가 없을 것 같다. 이는 매일 열 대의 콘크리트 믹서를 가득 채울 만큼의 대변과 별도의 콘크리트 믹서 100대를 채우기에 충분한 소변이 내 오빠의 골칫거리가 된 세인트폴의 하수구로 쏟아진다는 사실을 의미한다.

인간이 만들어낸 폐기물의 실제규모에 관해 생각해보았으니 이 연습 문제를 끝내도록 하자. 세인트폴 시민들이 매일 소화해서 배출한 그 진득거리는 결과물은 미국인이 매일 만들어내는 전체 배설물의 0.1퍼센트밖에 되지 않는다. 이런 오물은 미국의 하수도로 들어가, 복잡하게 연결된 파이프와 펌프장을 통해 다양한 처치 공장으로 이동해 그곳의 거대한 정화조 안에서 온통 뒤섞이게 된다. 그중 액체는 가라앉거나 떠 있는 고체 상태 배설물과 분리되어 별도의 탱크에 채워지는데, 이렇게 구분된 배설물에 화학물질을 첨가하고 필터를 거치면 만灣과 강 혹은 습지 등 인근의 어떤 환경으로 방출되어도 문제없도록 충분히 깨끗한 상태가 된다. 때로는 고형 상태의 배설물을 건조한 후 옮겨 태워버리기도 한다.

1984년 6월 7일, 오후 동안 불어닥친 뇌우로 세인트폴에 75밀리미터 가까운 비가 쏟아졌다. 각 가정에서 배출한 폐기물과 폭풍으로 인한 빗물 때문에 차도 가장자리에 설치된 배수구를 통해 하수가 피그스아이의 길거리를 덮치고 말았다. 그 후 10년 동안 세인트폴 시는 홍수가 났을 때 빗물을 흘려보내는 도관을 가정용 하수를 흘려보내는 도관으로부터 분리하기 위해 2억 달러 이상을 썼는데, 이는 1938년 이후 처음 이루어진 도시 하수도 개선이었다. 이 프로젝트는 20여 년 전인 1995년 완성되었다.

또 다른 오빠는 토목기사인데, 이런 이야기가 나오면 가만있을 사람이 아니다. 1930년대에 세워진 대부분의 주요 사회 기반 시설은 1950년대에 확장되었고, 1980년대와 1990년대에 약간 개선된 뒤로는 크게 변하지 않았다. 따라서 미국의 교량과 철도, 하수 시설은 좋은 상태라 할 수 없어 문제점이 목격되기 시작한다. 필라델피아처럼 오래되고 유서 깊은 도시들이 가장 심각하다. 1883년 건설되기 시작해 1966년 완공된 4,800킬로미터에 이르는 필라델피아의 하수도관은 그 후로는 단지 사소한 개선만 이루어졌다. 1980년 이후 필라델피아 전체 인구수는 그리 큰 변화가 없지만 평균적으로 미국인은 그때에 비해 매일 15퍼센트의 음식을 더 먹고 있고 따라서 15퍼센트 더 많은……. 내가 무슨 말을 하려는지 아마 짐작할 수 있을 것이다.

하수 처리에서 미국에서 가장 취약한 상황에 놓여 있는 사람이라 해도 전 세계 평균보다는 훨씬 나은 편이다. 앞서 2장에서 전 세계 인구가 1969년 이후 두 배가 되었다고 말했다. 이는 많은 지역에서 음식물 소비가 엄청나게 증가한 것을 고려할 때 사람들이 이 지구에서 만들어내는 오물의 양 또한 두 배 이상이 되었다는 의미다. 그런데 오물 처리 능력은 이를 따라가지 못해서, 오늘날 그 어느 때보다 많은 수의 사람이 적절하지 않은 위생 상태에서 살고 있다.

지금 지구상 20억 명 이상의 사람들은 자신이 살고 있는 주거지에서 나오는 배설물을 치우고 정화하는 그 어떤 시스템에도 접근하지 못하고 있다. 또한 10억 명의 사람들은 오염물을 완전하게 걸러낸 음용수를 마시지 못하는 채 살고 있다. 이런 상황은 10장에서 조금 더 자세하게 살펴볼 중요한 부분이다. 전 세계가 수십 년간 더 **풍요로운** 삶을 추구해왔음에도 불구하고 지구상의 상당수는 가장 기본적인 혜택을 누리지 못한다는 사실 말이다.

썩어가는 오물 문제를 조금이라도 분석해보면 인간 배설물 외에 다른 쓰레기도 포함시켜 고려해야 함을 알게 된다. 인간이 만들어내는 엄청난 배설물에 더해 미국의 모든 가정과 학교, 회사, 병원에서 버려지는 과일과 채소 등의 음식 찌꺼기, 정원의 가지치기에서 나오는 쓰레기 등을 합하면 매년 8,000만 톤의 유기 폐기물이 발생한다. 모든 OECD 국가에서 발생하는 이런 폐기물의 양은 연간 1억 5,000만 톤에 이르고 나머지 국가들까지 다 합하면 매년 4억 톤에 가까운 양이 된다.

이 말은 전 세계 인구의 4퍼센트를 차지하는 미국이 전 세계 유기 폐기물의 15퍼센트를 만들어낸다는 의미다. OECD 국가들의 인구수를 모두 더하면 전 세계 인구의 15퍼센트를 차지하는데, 이들이 전 세계 유기 폐기물의 30퍼센트를 만들어낸다. 나중에 에너지에 대해 이야기하며 이 문제를 다시 한 번 살펴볼 것이다. 인구과잉에 대해 우려를 표하는 것은, 지구상 극히 일부의 사람이 문제의 대부분을 일으켰고 지금도 일으키고 있다는 사실을 호도하기 위한 일종의 눈속임일지 모른다.

농장에서 재배된 식재료가 식탁의 포크까지 이어지는 과정에는 음식이 낭비되는 수많은 단계가 있을 것이다. 채소는 너무 크다고 혹은 너무 작다고 거절당하고, 곡물은 컨베이어 벨트로 운반되는 와중에 쏟아져 내리고, 우유는 트럭으로 운반되는 도중 상해버리고, 과일은 진열장에서 물러 터지고, 고기는 포장된 채 유통기간을 넘겨버리고, 저녁 뷔페 음식 중 남은 것은 쓰레기통으로 향한다. 더 많이 먹을수록 더 많이 버리게 된다. 1970년에 미국인은 매일 평균 150그램의 음식을 버렸다. 오늘날 이 수치는 300그램으로 늘어났다. 미국 가정에서 최근 매일 쓰레기 매립지로 보내지는 것의 20퍼센트는, 먹기에 아무런 문제가 없는 음식물이다.

미국 슈퍼마켓의 효율성을 분석한 경영 컨설턴트는 트럭 일곱 대 중 한 대꼴로 신선 식품이 버려지고 있다고 추정했다. 짐 내리는 곳으로 들어간 트럭은 싣고 있던 나무 상자를 내린다. 그 안에 있는, 포장되지 않은 채 담겨 있는 식료품들은 선반에 진열되었다가 나중에 다시 수거되어 쓰레기통으로 들어가고, 그 안의 쓰레기는 대형 쓰레기통으로 옮겨진다. 이렇게 일한 직원들은 돌아서서 방금 들어온 또 다른 트럭에서 물건을 내리기 시작한다.

이런 이야기를 들으면 우울해야 하는지 희망적이 되어야 하는지 솔직히 확신할 수 없지만, 전 세계 폐기물의 엄청난 양은 여러 가지 면에서 우리가 필요로 하는 식량의 양에 맞먹는다. 곳곳에서 낭비되는 곡류의 양은 인도에서 필요로 하는 연간 곡물 공급량과 비슷하다. 매년 버려지는 과일과 채소는 아프리카 대륙 전체가 필요로 하는 과일 및 채소의 양과 비슷하다. 테니스화를 주문하면 지구 반대편에 있는 창고에서 24시간 안에 발송을 해주는 시대에 살고 있다. 그러니 제발 전 세계를 대상으로 식품을 재분배하는 일이 불가능하다고 말하지는 말기를.

쓰레기 문제의 심각성은 숫자 자체만 보아도 알 수 있다. 엄청난 양의 식품이 곯다가 썩어가지만 그 이상의 문제가 있다. 우리가 버리는 쓰레기에는 엄청난 비극이 담겨 있다. 매일 거의 10억 명이 배를 곯는 동안 또 다른 10억 명은 의도적으로 다른 사람들을 먹일 수 있는 음식을 망쳐버린다. 우리는 먹을 의도가 전혀 없는 음식에 숲과 깨끗한 물과 연료를 걸고 도박을 하는데, 매번 그 도박에서 지고 있다. 우리 입맛에 봉사하기 위해 이 지구에서 짧은 시간 머물다 가는 셀 수 없이 많은 식물과 동물을 무의미하게 멸종시켜버렸다.

절반쯤 먹다 버린 음식을 쓰레기통에서 발견하면 도대체 왜 우리가 땅을 갈았는가 생각하게 된다. 왜 씨를 뿌리고 물을 주고 비료를 주고 잡초를 솎아냈을까? 왜 수확기를 몰고 탈곡기를 돌리고 저장고를 채웠을까? 왜 소에게 송아지를 낳도록 했을까? 왜 이 송아지를 사육장으로 몰고 가 살을 찌웠을까? 왜 고깃덩어리를 컨베이어 벨트 위에 올려놓았을까? 왜 냉장고를 고치고, 라벨을 디자인하고, 비타민 C 함량을 계산하고, 고기와 빵과 과일과 상자와 병과 포장 용기에 든 설탕을 가게와 학교와 레스토랑과 병원에 실어 나르기 위해 도로를 정비하고 카뷰레터를 교체했을까? 왜 상점에 가서 통로를 걸어 다니며 살펴보다 선택해서 사고, 자르고 으깨고 간을 해서 음식을 내놓는 것일까? 우리는 이런 노동에 삶을 허비하고 있다. 아침에 잠에서 깨어 집을 떠나 일을 하고 또 일하고 일하는 것은, 이런 공급의 엄청난 전 세계적 연결을 제대로 작동시키기 위해서다. 그리고 나서 우리는 이루어낸 모든 것의 40퍼센트를 쓰레기통으로 던져 넣는다.

시간을 되돌릴 수는 없다. 우리 아이들은 자라나고 우리 몸은 시들어가고 우리가 사랑했던 사람들에게 찾아온 죽음이 자신의 권리를 주장한다. 그러는 동안 우리는 버리기 위한 목적으로 무언가를 만들어내느라 시간을 쓰고 있다. 음식물을 쓰레기 매립지에 던져 넣을 때 우리는 그냥 칼로리 덩어리를 던져 넣는 것이 결코 아니다. 다른 사람의 생명을 던져 없애는 것이다. 이러한 사실은 **풍요**에 대한 무자비한 추구에 이끌린 결과, 우리가 공허하고 소모적이고 명백한 빈곤의 한가운데로 향하고 있음을 극명하게 드러낸다.

이제 잠시, 우리에게 선택권이 있다는 사실을 생각해 보자. 스스로에게 물어보아야 할 때다. 정말 이렇게 살고 싶은가?

3부

에너지

친구여, 말해보게.
그대가 베푼 호의는 아무런 호의로 보답받지 못했으니!
그대를 위한 구원은 어디에 있는가?

– 아이스킬로스(기원전 480년경)

전등 켜놓기

나는 민중이다, 폭도다, 군중이다, 대중이다.
이 세계의 모든 위대한 작품이 나를 통해 이뤄졌음을
그대는 아는가?
— 칼 샌드버그(1916)

내 소유물 중에 외할머니로부터 물려받은 것이 하나 있다. 외할머니가 수십 년간 앞치마와 베갯잇, 퀼트, 성가대복, 블라우스, 침구를 재봉질하고 바짓단을 늘이고 늘이고 또 늘이는 데 사용하던 1929년산 싱어 재봉틀이다. 외할머니뿐 아니라 친할머니도 모두 내가 태어나기 전에 돌아가셨기에 두 분을 직접 뵌 적은 없지만, 어린 시절 외할머니가 사용했던 바로 그 재봉틀의 페달을 밟으며 그분이 살아 계셨다면 나를 어떻게 여기셨을지 상상하곤 했다.

어머니는 1950년대에 전기 재봉틀인 싱어 216G 모델을 샀다. 전기의 도움을 받아 어머니는 할머니에게 배운 것들을 내게 가르쳐주었다. 가게에 걸려 있지 않은 드레스

117

를 상상하는 방법을 알려준 것이다. 내 몸 사이즈를 재고 신문지 위에 수치를 표시하는 법, 다트와 주름을 고려해 적절하게 천 분량을 추가하는 법도 알려주었다. 두 번 치수를 재고 한 번에 자르고, 핀으로 꼼꼼하게 고정한 후 재봉틀을 돌리기 시작하는 방법을 가르쳐주었다. 실땀이 시접 밖으로 나오지 않게 하는 블라인드 스티처와 단춧구멍을 내는 버튼홀러 사용법을 알려주었고, 달리 방도가 없을 때 노루발을 올리고 재봉하는 법을 가르쳐주었다. 바늘에 손가락이 닿지 않게 하고 머리카락이 손잡이에 감기지 않도록 주의하는 법도 배웠다. 오래된 드레스에서 떼어낸 상표를 새로 만든 옷의 목 뒷부분에 손바느질로 달아서 그 옷이 마치 가게에서 산 것처럼 보이게 하는 법도 배웠다.

막연한 꿈을 현실로 가져오는 법을 처음 알려준 사람도 어머니였다. 지금 우리 집 거실 한구석에서 조금씩 녹슬어가는 1929년산 싱어 재봉틀을 통해, 내 어머니 또한 자신의 어머니에게 이런 것들을 배웠다.

학교에서 수업을 할 때면 물 끓이기에 관한 이야기를 즐겨 한다. 익숙한 이야기이지만 최상의 교훈은 언제나 누구와도 공유할 수 있는 평범한 경험에서 시작하니까. "차 한 잔을 마시고 싶을 때, 물을 데우기 위해서는 얼마나 다양한 방법이 있을까요?" 이렇게 가정하며 이야기를 이어나간다. 학생들이 손을 들고 이야기를 하면 나는 그 대답을 칠판에 적어간다. 전기 주전자, 가스 스토브, 전자 오븐 등의 답이 바로 나오지만 나는 계속해서 더 많은 대답을 요구한다. 유목流木에 불을 붙이면 어떻겠느냐고 어떤 학생이 이야기하자 다른 학생은 석탄에 불을 붙여 쓰는 바비큐 장비에 관해 이야기한다. 하와이에서 수업을 할 때는 뜨거운 용암을 이용해 효과적으로 물을 끓이는 방법이 분명 있을 거라는 학생들이 꽤 있었다. 햇빛에 초점을 맞춰 만들어낸 불로 무언가를 태우는 대신 데울 수도 있지 않냐고 하는 학생도 있었다.

"목적을 달성하는 데는 여러 가지 방법이 있지요. 동일한 결과를 얻을 수 있는 전략은 다양합니다." 나는 작성해놓은 리스트를 가리키고는, 이런 교훈을 전하며 수업을 마치곤 했다. "전기, 가스, 목재, 석탄, 태양 등 각각의 방법에 필요한 요소들은 모두 다르지만 결과는 똑같습니다. 물을 끓이기 위한 에너지를 공급한다는 것이지요."

단지 물 끓이기뿐 아니라 다른 많은 일을 위해 우리는 매일 에너지를 사용한다. 집을 따뜻하게 혹은 시원하게 만들기 위해, 밤에 불을 켜기 위해, 라디오로 노래를 듣기 위해. 50년 전만 해도 일상적으로 우리 몸이 공급하던 에너지를, 오늘날에는 기계 모터가 제공한다. 즉, 골프 카트가 캐디를 대신하고, 통조림 따개는 벽에 연결된 플러그를 통해 전동으로 움직이며, 낙엽을 갈퀴로 모으는 대신 낙엽 청소기가 정원에 떨어진 낙엽을 강풍으로 날려버린다. 크고 작은 수백 가지의 다른 사례를 우리 주방과 차고, 사무실, 공장에서 발견할 수 있다. 외할머니의 재봉틀은 일상의 과제를 실행할 때 사용하던 근력 기반 도구의 대표적 사례였다. 그렇게 손이나 발로 돌아가던 재봉틀은 내 어머니와 내가 사용하게 된 전기 재봉틀로 대체되었다. 하지만 이제 그 재봉틀조차 가정집에서 거의 사라졌고 공장에서나 볼 수 있다. 내 이야기를 하자면, 수년 동안 옷을 직접 꿰매본 적이 없다.

최근 사람들이 매일 사용하는 에너지의 총량은 내가 아이였던 1970년대에 비하면 세 배나 많은데, 전 세계 인구 증가폭이 두 배라는 사실에 비춰보면 의미심장하다. 에너지의 상당 부분은 전기 형태로 소비되는데, 그 사용량은 가파르게 증가하고 있다. 사람들이 매일 사용하는 전기량은 50년 전의 네 배 이상으로 증가했다.

미국은 전 세계 인구의 4퍼센트밖에 차지하지 않으면서 전 세계 총 에너지 생산량의 15퍼센트, 전기 생산량의 20퍼센트를 쓰는 에너지 최고 소비 국가다.

1970년대에 어린 시절을 보낸 미국인이라면 집에서 에너지 절약에 관한 충고를 들었을 것이다. 토요일 아침이면 〈스쿨하우스 록! Schoolhouse Rock!〉 같은 텔레비전 만화 프로그램에서 "쓸데없이 켜져 있는 전등을 끄라"라는 말이 나왔고, 당시 대통령이던 지미 카터는 자신이 백악관에서 하는 것처럼 가정용 난방 온도를 낮추고 스웨터를 꺼내 입으라고 했다. 로널드 레이건이 미국 대통령이 된 후에는 에너지 절약 대신 에너지 효율이 게임의 이름으로 등장했다. 그 뒤 몇십 년 동안 노동력을 줄여주는 기계들이(11장에서 다시 살펴보겠지만 특히 자동차 같은 것이) 성공적으로 등장해 더 적은 연료로 더 많은 일을 하게 되었다. 그 후 우리는 일상의 거의 모든 영역에서 에너지 사용 수준을 엄청나게 확장시킴으로써, 에너지 소비 감소로 이끄는 전 세계적인 흐름을 공격적으로 상쇄해왔다.

오늘날 우리는 에어컨이 틀어진 스타디움에서 야구 경기를 즐기고, 계단이 한 층 이상 되는 곳이라면 올라가거나 내려가기 위해 엘리베이터를 기본값으로 사용하며, 무릎 위에 올려놓은 책을 볼 때도 전류의 흐름을 끌어온다. 노동을 위한 도구들뿐 아니라 우리 풍경을 구성하는 일반적인 대상물들도 에너지를 소모하고 있다. 우리가 편리함과 기분 전환, 휴식을 추구하는 것, 혹은 이런 편한 방식으로 살도록 만드는 모든 것은 지난 50년 동안 엄청난 변화를 가져온 또 다른 종류의 **풍요**라 할 수 있다.

매 학기마다 나는 학생들에게 똑같은 숙제를 내곤 한다. "내일 아침부터 시작해 전기를 사용하는 모든 순간을 적어보세요." 학생들은 집으로 가서 장난처럼 이 숙제를 시작한다.

학생들은 아침 식사가 끝나기도 전에 최소 열 가지의 상황을 모을 수 있다. 전등을 켜고 헤어드라이어를 사용하고 토스터기의 플러그를 꽂고 커피 머신을 작동시킨다. 그런데 학교와 일터와 이런저런 사소한 일상을 채우는 상황들을 모두 다 기록하려다 보니 완전히 압도되어서 많은 학생이 저녁 식사 무렵이면 과제를 포기해버리고 만다. 그러고도 놓쳐버린 일들이 너무나 많다. 차를 타고 가다 서다 하는 길에 만나는 가로등, 따뜻한 물로 샤워하게 만들어주는 온수 장치, 휴대전화와 노트북컴퓨터뿐만 아니라 벽시계와 자동차 대시보드의 속도계 등 배터리의 도움을 받는 일련의 장치도 전기를 사용한다.

수업 시간에 다시 모이면 일, 학교, 휴식, 가족이라는 네 부분으로 우리 삶을 나누어 살펴보았다. 각각의 부분에서 어떻게 냉난방을 하고 불을 켜고 끄고 유지하는지 스스로에게 질문하게 해보았다. 나는 학생들에게 어려운 질문을 던졌다. 일하고 공부하고 놀고 사람들과 함께하는 매일매일의 일상에서 전기의 도움 없이 얼마나 많은 부분이 이루어질 수 있을까?

전기는 기적과도 같은 발명품이다. 어둠을 밝혀서 해가 진 뒤에도 활동할 수 있는 시간을 더 늘려주었고, 간호사와 의사가 병원에서 사용하는 각종 도구를 살균할 수 있게 해주었고, 멀리 떨어져 있는 사랑하는 사람과 소식을 주고받을 수 있게 해주었다. 태어난 이후로 나는 이런 사치를 너무나도 당연하게 여겼고, 나와 마찬가지로 행동하는 사람들에 둘러싸여 살아왔다. 한 가지 슬픈 사실은 지난 50년 동안 이런 혁신이 이 세상의 다른 많은 사람에게는 혜택을 주지 못했다는 것이다. 이 책을 읽고 있는 독자들은 이미 엄청나게 에너지를 사용하고 있는 세상에 대해서는 너무나 잘 알고 있겠지만, 에너지를 너무 적게 사용하는 또 다른 세계에 관해서는 거의 알지 못할 것이다.

30년 전, 지구상에는 전기의 혜택을 전혀 보지 못하는 사람이 10억 명 이상이었다. 오늘날에도 그런 사람이 여전히 10억 명 이상이다. 전 세계 인구가 같은 기간 동안 40퍼센트 증가했기에 극빈 상태로 사는 사람들의 전체 비율은 상당히 줄어든 셈이다. 그럼에도 불구하고 결핍으로 고통받는 사람은 여전히 많다. 지구상 열 명 중 한 명은 절망적인 빈곤 상태에 놓여 있다.

결핍을 보여주는 세계적인 지형도는 놀랍게도 지난 50년간 큰 변화가 없었다. 전 세계의 기아와 위생, 질병과 가난에 관한 각종 통계자료를 살펴보면 오랜 역사 동안 자원의 수탈과 착취를 경험한 아프리카 대륙은 심각한 고통과 회복의 요원함이라는 측면에서 특히 눈에 띈다.

모리타니에서 이집트까지 뻗어 있는 사하라 사막은 세계에서 가장 넓고 가장 뜨거운 사막이다. 아프리카를 실제로 절반으로 나누는 끔찍한 장벽이기도 하다. 사하라 사막 남쪽은 48개의 독립국으로 이루어져 있으며 각국이 자체 정부와 법률 체계를 갖추고 있다. 이 지역에서는 여섯 개의 주요 언어와 1,000여 개의 소수 언어가 사용되는데 각각의 언어는 셀 수 없이 많은 이야기와 시와 노래를 만들어냈다. 에너지 관련 계획에서 사하라 사막 이남의 국가들은 여전히 힘든 상황에 놓여 있다.

사하라 사막 이남의 10억 명에 이르는 인구는 전 세계 인구의 13퍼센트를 차지한다. 전기 없이 사는 지구상 사람들 절반 이상은 사하라 사막 이남의 아프리카 지역에 살고 있다. 이 지역은 깨끗한 물 없이 살아가는 전 세계 인구 절반의 고향이며, 위생적인 하수 처리 시설 없이 사는 전 세계 인구 3분의 1이 거주하는 곳이다. 그 결과 이곳에는 비위생적인 생활환경 관련 질병으로 사망하는 사람들이 많다. 말라리아, 콜레라, 이질 같은 전염병에 의한 연간 사망자의 50퍼센트는 사하라 사막 이남 지역에서 발생한다. 이런 우울한 통계 수치 뒤에는, 지난 50년간 사하라 사막 이남 인구가 세 배로 늘어나는 동안 이 지역에서 생산되는 재화와 서비스의 가치는 극도로 낮았고 늘어나지도 않았다는 사실이 자리 잡고 있다.

매일 전 세계의 모든 여성과 남성은 무언가 가치 있는 것을 만들기 위해 여섯 시간, 여덟 시간, 열 시간, 아니 그 이상을 일한다. 각각의 사람이 만들어내는 결과물에 부여되는 금전적 가치에는 수요와 공급, 유행과 선입견, 보호와 위험, 역사와 탐욕 등이 복잡하게 뒤얽혀 있다. 청바지 서른 벌을 꿰매고, 어려운 외과 수술을 집도하고, 아이에게 읽기를 가르치는 것은 똑같이 하루 종일 하는 각기 다른 노동이지만 옷 한 상자, 성공적인 수술, 글을 읽는 아이라는 세 종류의 생산물은 전 세계 시장에서 동일하지 않은 방식으로 가치를 인정받는다.

최근 지구상 75억 명 사람들이 매년 수행하는 노동의 최종 생산물 가치는 80조 달러에 달한다. 1969년 20조 달러에서 지난 50년 동안 네 배로 증가한 것이다. 미국과 EU에서 이루어지는 노동, 10억 명이 채 안 되는 인구의 노동은 전 세계 노동 가치의 절반을 차지한다. 이와 대조적으로 사하라 사막 남쪽의 10억 명이 만들어내는 노동 가치는 2조 달러를 밑돈다. 이 말은 전 세계 인구의 13퍼센트가 전 세계 경제적 가치의 2퍼센트만 만들어낸다는 의미다. 50년 전 내가 태어났을 때에도, 사하라 사막 이남의 아프리카에서 이루어지는 노동은 전 세계 경제 가치의 단 2퍼센트에 해당했다.

인도에서 사는 또 다른 10억 명에게는 다른 종류의 고난이 드리워졌다. 내가 태어난 1969년 이후 인도에서 만들어진 제품과 서비스의 가치는 매년 폭발적으로 늘어나 1,000퍼센트 이상 성장했는데, 같은 기간 인도의 인구는 단지 두 배 성장했을 뿐이다. 이렇듯 시장 가치의 폭발적인 증가에도 불구하고 빈곤을 보여주는 주요 지표에는 별다른 변화가 없었다. 30년 전 다섯 명 중 한 명은 깨끗한 물을 사용하지 못했고 세 명 중 한 명은 위생적인 하수 처리 시설 없이 살았다. 오늘날에도 이 수치는 똑같다. 삶의 질을 보여주는 다른 데이터 역시 비슷한 상황이다. 인도로 쏟

아져 들어오는 세계적인 부로부터 그 어떤 혜택도 받지 못
하는 수억 명의 인도 시민이 있는 것이다.

인도와 사하라 사막 남쪽 상황은 거의 비슷한데, 이
두 지역은 전 세계에서 생산되는 에너지를 거의 소비하지
않고 있다. 전 세계 인구의 3분의 1을 차지하는데 전 세계
전기량의 10퍼센트를 채 사용하지 않는다. 음식을 만들거
나 청소를 해야 할 때마다 늘 불을 피워야 한다면, 해가 진
다음 스위치를 켤 램프가 없다면, 학교는 어떻게 가고 공부
는 어떻게 할 수 있을까? 인도와 사하라 사막 이남 국가들
의 성인 여성 대부분이 글 읽는 법을 배운 적이 없다는 사
실도 그리 놀랍지 않다.

부유한 OECD 국가들은 지구의 한쪽에서 다른 쪽으
로도 확장을 시도해 사람이 살 수 있는 지역의 거의 절반
을 차지했고, 꽤 풍족하게 살아가는 사람들로 그 지역을 채
워갔다. OECD 국가들에 살고 있는, 전 세계 인구의 15퍼
센트가 매년 만들어내는 재화와 서비스의 총계는 나머지
지역에서 만들어내는 가치의 두 배에 이른다. 이렇게 물건
이나 서비스를 만들어내며 평범한 삶을 누리는 15퍼센트
의 사람들이 전 세계 연료의 40퍼센트와 전 세계 전기 생
산량의 거의 절반을 소비한다.

에너지 소비에서의 이런 극도의 불균형은 간단한 산
수로 살펴볼 수 있다. 만일 오늘날 사용되는 모든 연료와
전기를 지구상 70억 넘는 인구에게 공평하게 재분배한다

면, 각 사람의 에너지 사용량은 1960년대 스위스 사람들의 평균 에너지 사용량과 거의 비슷할 것이다. 1960년대에 찍은 스위스 사진을 본 적이 있는데, 그리 나쁘지 않았다. 사람들이 두터운 울 코트를 입고 기차 정거장에 서 있거나 작은 커피 컵을 들고 마시며 작은 테이블에 앉아 있었다. 음식과 관련해 6장에서 살펴본 것들을 이 장에서는 에너지와 관련해 살펴보고 있다. 이 세상의 모든 결핍과 고통, 그 모든 문제는 지구가 필요한 만큼을 생산하지 못하는 무능이 아니라 우리가 나누어 쓰지 못하는 무능에서 발생한다.

이 책을 쓰기 위해 조사와 연구를 시작했을 때 희미한 북소리처럼 들리던 것이 이제는 내 머릿속에서 마치 주문처럼 울려 퍼지고 있다. **덜 소비하고 더 많이 나누라.** 13장에서 살펴보겠지만 우리 자신으로부터 스스로를 구하도록 해주는 마법 같은 기술은 없다. 소비를 줄이는 것이 21세기의 궁극적인 실험이 될 것이다. 덜 소비하고 더 많이 나누는 것은 우리 세대에게 던져진 가장 커다란 과제다.

당황스러울 정도로 어려운 제안이라서 실현이 가능할까 싶을 것이다. 하지만 우리 스스로를 이 혼란 속에서 구하는 데 시작점이 될, 확실하고 유일한 방법이다.

⑪

움직여 다니기

사람은 자신이 필요로 하는 것을 찾아 온 세계를 여행하다가
집에 돌아와 그것을 발견한다.
– 조지 무어(1916)

가끔씩 뉴어크 리버티 국제공항 활주로에서 미니애폴리스로 향하기 위해(한 시간 전에 이미 출발했어야 하는데) 18G 좌석에 안전벨트를 하고 앉아서, 만일 **이 비행기에서 나갈 수 있다면** 할 수 있는 모든 것에 관해 생각할 때가 있다. 아마도 나와 거의 비슷한 생각을 하고 있을 200여 명의 승객들에 관해서도 생각한다. 마침내 비행기가 이륙하면, 나는 어떻게 우리가 땅에서 10킬로미터 상공에서 금속으로 된 튜브 속에 앉아 있을 수 있는지에 관한 생각에 집중하지 않는다. 비행기의 유리창 덮개를 내리며 잠을 청한다.

200여 명의 승객이 비행기를 타는 대신 200대의 자동차를 타고 각기 뉴저지에서 미네소타를 향해 운전해 간

다면, 모두 한 대의 비행기로 날아가는 것에 비해 40퍼센트의 연료를 아낄 수 있다. 각기 다른 자동차를 타고 가는 대신 여객열차를 탄다면 엄청난 휘발유를 잡아먹는 비행기를 탈 때에 비해 절반의 연료를 사용하게 되고 승객 각자는 열네 시간의 이동 시간을 절약할 수 있다.

물론 연료 소비 효율이 가장 좋은 것은 아무 데도 가지 않고 우리 모두가 집에 머무는 것인데, 2003년 스카이프Skype가 처음 등장했을 때 비즈니스 업계가 머지않아 대면 회의가 쇠퇴할 거라고 선언했던 일이 기억난다. 하지만 대면 회의는 그리 빨리 사라지지 않았고 그 후 우리는 예전보다 훨씬 더 자주 비행기를 이용하게 되었다. 오늘날 미국인은 2003년에 비해 연간 200만 건 더 많은 비행기 여행을 하는데, 대부분 그 목적은 출장이다.

우주선을 타고 지구 표면으로부터 떠오르는 것을 제외하면, 비행기를 타고 날아가는 것은 시간을 보내는 가장 자원 집약적 경험일 것이다. 평균적으로 미국의 자동차는 리터당 약 13킬로미터를 운행할 수 있다. 평균적으로 비행기는 리터당 약 30미터를 움직인다. 비행기는 다른 운송 수단에 비해 평균 다섯 배에서 열 배가량 빠르다. 자동차와 기차는 전 세계 대부분의 국가에서 시속 130킬로미터 정도로 움직인다. 그래서 비행기는 장거리 여행에서 선호되는 운송 수단이 되었다. 평균 비행 거리는 1,800킬로미터에 이르는데, 이 수치는 뉴어크에서 미니애폴리스 사이의 거리와 거의 비슷하다. 간식용 땅콩과 샌드라 불럭이 출연하는 영화에 진저리를 치며 이런 비행을 연달아 열두 번 정도 이어 하면 지구 반대편에 닿게 된다.

꽤 긴 거리를 규칙적으로 이동하는 것은 일상적인 일이 되어버렸는데, 우리 할아버지 세대에게는 상상하기 어려운 일이었다. 1970년 전 세계의 항공사들은 매년 3억 명이 조금 넘는 승객을 실어 날랐는데 그중 거의 90퍼센트는 OECD 국가들에서 이루어졌다. 오늘날 2만 5,000편의 비행기가 전 세계 4만 곳의 공항 활주로에서 매년 3,500만 번의 터치다운을 기록한다. 그 과정에서 비행기는 40억 명이 집을 떠났다가 다시 집으로 돌아오게 한다. 올해는 1970년과 비교하면 열 배가 넘는 사람들이 풍경이 바뀐 상황에서 잠시 동안이나마 일을 하고 쉬기 위해 시간과 비용이 많이 드는 비행기 여행을 하고 있다.

시속 190킬로미터가 넘는 속도로 움직이는 고속철도는 장거리 여행에서 비행기에 필적하는 수단이지만, 소비자들은 육상 여행에 추가 시간이 30분 이상 필요할 경우 항공편을 선택하는 경향이 있다. 비행기와 고속열차 모두를 이용할 수 있는 도쿄에서 오사카까지의 800킬로미터 여행에는 압도적으로 고속열차를 선택하는데, 후쿠오카까지의 1,600킬로미터 여행에는 대부분이 늘 비행기를 선택하는 식이다. 이 세 도시가 동쪽에서 서쪽으로 향하는 신칸센으로 연결되는데도 말이다. 여행을 너무 많이 하다 보니 여행하지 않는 시간이 엄청나게 소중히 여겨질 정도다.

앞에서 한 이야기는 공정하다고 말할 수 없다. 철도라는 선택권이 어디서나 존재하는 것은 아닐 뿐 아니라 현존하는 철도 중 많은 수가 쇠퇴의 길을 걷고 있기 때문이다. 기차는 현재 집단적으로 퇴보하는 중이다. 인구가 20퍼센트 증가했음에도 전 세계 기관차의 수는 지난 20년간 17퍼센트 감소했다. 대부분의 국가에서(중국은 제외) 지난 40년간 사용 가능한 철도 노선의 수에 변화가 없었는데, 이는 전 세계 도시들이 확장되었음에도 그 도시 안에서 혹은 도시 간 이동에서 기차 활용도는 늘지 않았다는 의미다. 미국에서는 지난 20년간 철도의 지위가 눈에 띄게 낮아졌다. 철도의 총 규모가 실제적으로 줄어든 몇 안 되는 나라 중 하나가 바로 미국이다.

더욱 중요한 점은 철도를 유지하고 작동시키는 전 세계 인력이 대폭 줄었다는 사실이다. 지난 20년간 전 세계 철도 관련 일자리 네 개 중 하나가 사라졌는데 그 대부분은 민영화 과정에서 일어났다. 뉴욕과 워싱턴을 오가는 노선을 제외하면 활성화된 여객 철도 시스템을 경험한 적 없는 미국의 철도 체계는 확연히 쇠퇴해, 1991년 이래 철도 관련 일자리 일곱 개 중 하나가 사라졌다. 영국의 경우는 더욱 심해 같은 기간 철도 관련 일자리 세 개 중 하나가 사라졌다. 스페인은 지난 30년간 철도 관련 일자리 다섯 개 중 네 개가 사라질 정도로 철도 체계를 거의 학살하다시피 했다. 이렇게 국영철도의 품질이 나빠졌지만 그 사용 횟수는 늘었다. 1991년 이후 승객 수와 이동 거리 면에서 미국은 20퍼센트 이상, 스페인은 70퍼센트 증가했고 영국은 두 배로 늘었다. 이런 변화는 이용자의 편의와도 관련이 없었다.

우리를 자연스레 불행으로 몰고 가는 대상에 관해 이야기한다면, 자동차로 귀결될 것이다. 이 책의 저자로서 공개할 수 있는 하나의 편견이 있다면, 내가 자동차를 싫어한다는 것이다. 이 책을 쓰면서 갖는 하나의 희망은, 독자들이 자신도 자동차를 얼마나(그리고 왜) 싫어하는지 이야기하려고 나에게 편지를 쓸 것이라는 점이다.

나는 모든 자동차를 싫어하고 동시에 특정 자동차들을 싫어한다. 자동차가 나를 싫어하기 때문에 나도 자동차를 싫어한다. 나는 자동차를 믿지 않는데 앞으로도 그럴 것이다. 나는 형편없는 운전자다. 이것은 분명 자동차의 문제이기도 하다. 이런 사실을 이해하는 친구가 있는데, 바로 그 점 때문에 그는 나에게 아주 소중하다. 나와 그는 만나기만 하면 수년간 우리를 괴롭혔던 '멍청한 자동차들'에 관해 이야기하는데, 둘의 대화는 대충 이런 식으로 이어진다.

"엔진이 너무 심하게 헛돌아서 머플러가 떨어져버릴 정도였던 85년산 닷선이 있었지. 급가속을 하거나 머플러 없이 시내를 휘저어야 했는데, 어느 쪽이거나 정말 시끄러웠어."

"내가 몰았던 1978년산 페이서는 우회전을 할 때면 좌석 문이 떨어져버리는 바람에 늘 좌회전을 하는 복잡한 길로 출근하곤 했어."

"고속도로를 달리고 있는데 액셀러레이터를 한번 밟으면 차 바닥으로 쑥 들어가 나오지 않는 실린더 두 개짜리 볼라레를 탄 적도 있다고."

"앞 유리창이 없고 문 걸림쇠가 말썽을 일으켜서 후드를 줄로 묶어놓아야 했던 투톤 셰비를 몬 적도 있지. 자동차 키를 '오프' 위치에 놓아야 움직였는데, 주차를 하려면 자동차 디스트리뷰터 연결을 끊어야 했어. 임시변통의 전기적 경련 요법이었다고나 할까."

"1999년형 이스즈를 몰고 다닌 적이 있는데, TV 프로그램 〈엔터테인먼트 투나잇〉에서 그 차를 세상에서 가장 위험한 차로 소개하는 걸 봤어. 한 번 돌진으로 충돌 테스트용 인형 열다섯 개가 엉망이 되는 걸 보여주더라. 그 차가 형편없는 줄은 알았지만, 관으로도 쓰일 수 있다는 건 몰랐어."

"화장火葬용 화로 역할까지 겸비할 수 있을 것 같던 1970년산 그렘린을 몰았는데, 비가 오면 뒤쪽 미등에 더러운 물이 차고 엔진이 고장나버리곤 했지."

이런 식으로 이야기가 계속되었다.

나는 사탄이 예수를 미워하는 것 이상으로 자동차를 싫어하기 때문에, 현재 세상에 10억 대에 가까운 승용차가 있다는 말이 나를 행복하게 만들지는 않는다. 나로서는 평생 내내 자동차를 싫어했고, 그것들이 내가 사랑하는 사람들을 괴롭히는 것을 무기력하게 지켜봐왔다. 나는 이상하고 흉측한 자동차들에 둘러싸여 성장했고, 성인이 되자 그런 자동차들이 나에게도 찾아왔다. 훨씬 더 이성적인 다른 이유도 있겠지만, 어쨌건 내가 자동차를 싫어하는 가장 큰 이유는 그것이 비정상적으로 위험하기 때문이다.

만일 자동차가 아무런 효용이 없다면, 분명 엄청난 사회적 해악으로 치부될 것이다. 매년 길거리 교통사고로 죽음을 맞는 사람 수는 살인과 자살로 사망하는 사람 수를 모두 합친 것보다 훨씬 많다. 우리는 살인과 자살의 문제를 지적하고 이를 없애거나 최소한으로 줄이기 위해 공식적이고 확신에 찬 노력을 기울인다. 하지만 작동하는 동안 계속해서 살육을 이어가는 자동차는 미친 듯이 복제해 만들어내고 유통시킨다.

미국은 지구상에서 가장 자동차 집중적인 문화를 유지하고 있는 나라다. 미국에서는 새 자동차가 매년 600만 대씩 팔린다. 2017년의 자동차 수는 미국 인구보다 50퍼센트 더 많았다. 뉴욕을 방문하면 세상 모든 사람이 지하철을 타고 다니는 것처럼 보이겠지만, 미국인 중 어떤 종류로든 매일 대중교통을 이용하는 사람은 5퍼센트에 지나지 않는다. 나머지 사람들은 어디를 가든 자가용을 운전한다.

우리는 자동차 꼬리에 또 꼬리를 물고 운전하는데, 어

떤 사람은 매일 내내 그렇게 운전할 것이다. 이렇게 운전을 해서 어디를 가려는 걸까? 대부분의 경우 일을 하기 위해 출퇴근하느라 운전한다. 미국 성인의 85퍼센트는 차를 몰고 일하러 가는데, 그중 75퍼센트는 혼자 차를 타고 간다. 미국인들은 예전에 비해 훨씬 더 길게 일하게 되었고 일하기 위해 훨씬 더 멀리 가게 되었다. 평균적인 미국 직장인들은 10년 전에 비해 연간 스물한 시간 더 일한다. 2005년에는 통근자의 15퍼센트가 직장에 가기 위해 편도 45분가량 운전했다면, 오늘날 이런 통근자의 수치는 20퍼센트로 늘었다. 또 자동차를 몰고 휴가를 가거나 여기저기 방문하고 관광을 떠나기도 한다. 하지만 자동차가 하는 일 대부분은 우리를 사랑하는 사람들로부터 떼어놓는 것이다. 그래야 우리는 차에 넣을 연료를 더 많이 사기 위해 해야 할 일들을 할 수 있다.

　미국인들이 차로 이동하는 전체 거리를 합산해보면 엄청난 결과가 나온다. 2015년 그 거리는 지구에서 (이제는 태양계 행성에서 퇴출된) 명왕성까지 500번 왕복할 수 있는 정도였다. 미국인은 자동차 안에서 매일 평균 한 시간가량을 보낸다. 거리로 따져 말하자면 앞으로 3년 동안 미국의 모든 여성과 남성, 아이는 지구를 적어도 한 바퀴 도는 거리를 차로 이동할 것이다. 우리는 인생의 상당 부분을 자동차 안에서 보낸다. 자동차가 우리를 불구로 만들거나 살해하기 전까지 말이다.

내가 여러분에게 자동차란 인간이라는 종에게서 즐거움을 빨아들이는 흉악한 역병이라는 사실을 납득시켰다고 쳐보자. 여러분이 사는 곳을 고려할 때, 자동차를 포기하고 싶어도 정말 포기할 수 있을까? 음식을 구하고 공부를 하고 진료를 받고 일하러 가는 등의 기본 생활을 도보나 자전거, 또는 대중교통을 이용해 영위할 수 있을까? 이는 대부분의 미국 가정에게 그저 부담스럽거나 실용적이지 않은 정도가 아니라, 물리적으로도 불가능한 수준이다. 미국 사회는 기본적으로 자동차를 필요로 하고 이 기본은 우리가 믿고 싶은 것보다 훨씬 덜 유연하다. 이렇게 규정하기 힘든 **풍요**를 추구하는 동안, 우리는 자기도 모르는 사이에 금속으로 만든 상자 안에 갇히고 말았다. 이제 우리는 다른 금속 상자들 사이에서 서로를 유리창 너머로 바라보며 아침과 저녁을 보내고 있다.

100년 전 미네소타주의 자동차 수는 1,000대가 채 못 되었다. 아버지는 1920년대에 그곳에서 성장했는데, 당시 주위 어른들은 언젠가 자동차가 말 대신 일상적인 교통수단이 될 수도 있다는 생각에 대해 극히 비관적이었다고 한다.

자동차를 사는 데 그런 큰돈을 쓰다니, 더구나 제대로 된 차인지 알 수도 없는데? 근육을 살피기 위해 엉덩이를 찔러볼 수도 없고, 기생충이 있는지 보려고 배설물을 확인할 수도 없고, 수말인지 암말인지 물어볼 수도 없는 금속

덩어리를 사느라 수백 달러를 지불한다는 것은 상상도 할 수 없는 일이라고, 그들은 고개를 가로저으며 말했다. 말도 안 돼, 그런 자동차가 인기를 얻을 수는 없어, 이렇게 그들은 서로를 확신시켰다. 그리고 휘발유는 어디서 구하겠는가? 그걸 들고 길을 따라 오르내리거나 우유 수레 같은 데에 담아서 끌고 다니며 팔아야 할 텐데, 당시는 휘발유가 배수구를 따라 흐르지 않을 때였음에도 도시 중심가는 이미 5년에 한 번꼴로 불이 나곤 했었다.

한 세기 후, 미국에서 운전이 가능한 나이대의 사람 두 명에 한 대꼴로 자동차가 보급되면서 휘발유가 말 그대로 미국의 도로를 따라 오가며 팔렸다. 움직이는 기계로서의 자동차는 1908년 포드Ford사의 모델 T가 첫 번째 가족용 자동차로 시장에 선보이며 엄청난 변화를 겪게 된다. 자동차 업계의 한결같은 목표는 '마력'을 키우는 것이었는데, 마력이란 동물을 이용한 운송 수단에 의존하는 각 가정을 개종시키겠다는 속 보이는 목적으로 고안된 기계적 역량 단위였다. 모델 T는 20마력 엔진을 갖추고 있었다. 물통을 필요로 하지 않고 나이 들어 헛간이 필요하지도 않으며 배설물을 치우느라 고생할 필요도 없는, 스무 마리 튼튼한 말처럼 힘세게 끌 수 있는 기계를 상상해보자. **멍청한 말은 이제 그만!** 슬프게도 순진한 그들은 이렇게 외치며 마침내 자동차로 개종했다.

자동차의 속도와 지구력이 1950년대 전후 산업화의

붐을 타고 증가되면서, 자동차 엔진 연료 공급에 필요한 휘발유의 양 역시 증가했다. 1974년에 평균적인 미국 승용차는 고속도로에서 시간당 약 90킬로미터의 속력(당시의 제한속도)을 낼 수 있었는데, 그러기 위해서는 날마다 욕조를 한 가득 채우는 분량의 휘발유가 필요했다. 미국이 수입하는 거의 대부분의 석유는 중동과 북아프리카에 위치한 12개국으로 이루어진 석유수출국기구OPEC를 통해 들어온다.

1973년 OPEC 회원국들이 미국에 대한 석유 수출 금지 조치를 내렸을 때 그야말로 하룻밤 사이에 미국 내 유가가 네 배로 치솟았고, 온 나라가 흔들리며 한 재화의 공급을 완전히 수입에 의존한다는 것이 어떤 의미인지 절실하게 깨달았다. 이에 대한 대응책으로 미국 자동차 엔지니어들은 승용차를 다시 디자인했고, 1980년 무렵에는 평균적인 자동차 엔진의 연료 효율성이 50퍼센트 증가해 리터당 약 8킬로미터를 갈 수 있게 되었다. 이는 자동차 차체가 5년 전에 비해 20퍼센트 더 가벼워졌기에 가능했다(좀 더 가벼운 금속체를 움직이는 데에는 연료도 덜 든다).

연소 엔진은 1970년대에 커다란 진전을 이루었는데, 이는 완벽한 연료 소비 효율을 구현하기 위한 돈키호테적인 탐구 덕에 가능했다. 비행기는 1970년과 1980년 사이에 연료 소비 효율이 40프로나 높아졌다. 유가가 이전 수준으로 내려간 후, 항공사들은 장거리 여행을 떠나려는 미국인들의 줄이 길어지는 것을 반기며 노선을 확장시켜갔다.

이 무렵 미래로 향하는 가능성을 보여주는 중요한 분기점이 등장한다. 미국인들은 가족당 자동차 한 대를 보유한 채 사는 곳 근처에서 물건을 사고 아주 가끔 비행기를 타는 상태로 남아 있을 수도 있었다. 그랬다면 이후 수십 년간 전체 에너지 사용량은 줄어들고 자동차의 효율성을 높이는 기술은 더 발전했을 것이다. 하지만 사람들은 이 길을 선택하지 않았다.

오늘날의 자동차는 평균 230마력을 자랑하는데, 이는 오래되고 불쌍한 모델 T에 비해 열 배가 넘고 1980년대 자동차에 비해 두 배가 넘는 힘이다. 미국 가정이 미니밴과 SUV, 픽업트럭을 일상적인 통근에 사용하게 되자 자동차의 평균 무게는 급속도로 늘었다. 2000년까지 미국 고속도로는 1970년대의 링컨 콘티넨털과 포드 그랜토리노처럼 육중한 차들로 가득하게 되었는데, 이 차들은 리터당 10킬로미터밖에 못 가고 평균적인 연료 소비 효율도 20년 전보다 크게 떨어졌다.

여기서 멈춘 것이 아니다. 미국인들은 계속 더 많은 자동차를 사서 몰고 다니고 있는데, 오늘날에는 1970년에 비해 매년 두 배나 더 많은 거리를 이동한다. 그 결과 21세기 들어 미국의 석유 수입 의존도는 그 어느 때보다 높아졌고, OPEC 국가들과의 관계는 우리가 알아온 그 어느 때보다 나쁘다. 이제 남아 있는, 우리가 가보지 않은 길은 '이 정도면 충분하다'라는 방향인데, 선택할 때가 되면 우리는 다시 '넘칠 듯 풍요로운 것이 좋다'는 쪽을 고르곤 한다. 미국은 1970년대와 1980년대에 새로운 연료 효율성의 기적을 통해 사용량을 절반으로 줄이며 석유 독립을 얻어냈지만, 더 많은 자동차를 만들고 이런 자동차들을 더 심하게 사용함으로써 그 가치를 상쇄해버리고 말았다.

내가 살아온 동안 매년마다 미국인들은 이 나라의 크고 작은 도로와 고속도로, 주간州間 고속도로를 가로지르며 자동차를 타고 약 700억 킬로미터의 이동 거리를 더해갔다. 하지만 미국인들만 차를 운전하는 것은 아니다. 1990년 이후 중국 사람들도 이런 대열에 참여해 매년 약 500억 킬로미터의 이동 거리를 더해가고 있다. 그 누구보다 앞서 나가는 인도의 경우, 1990년 이후 매년 5,000억 킬로미터의 연간 이동 거리를 더해가고 있다.

1970년과 오늘날 사이에 운전의 전체적인 증가로 미국, 중국, 인도 이 세 나라는 최소 1조 5,000억 리터의 연료를 필요로 하게 되었다. 이는 스물네 개의 미시시피강에서 한 시간 동안 흐르는 수량에 맞먹는, 엄청난 양이다.

이 자동차 엔진을 움직이고 저 엔진을 움직이고 또 다른 엔진을 움직이기 위해 채워 넣는 미끈거리는 검은 기름에는 또 자기만의 이야기가 있는데, 그 나름대로 뻗어나가는 별난 이야기라 할 수 있다. 이 이야기를 정확하게 짚자면, 이 책의 첫 페이지에서도 수백만 장章을 더 거슬러 올라가야 한다.

①②

우리가 태워버린
식물들

불에 대한 대가로
나는 인간들에게 평생 불행을 껴안고 살아가게 만들
재앙을 내릴 것이다.
- 헤시오도스(기원전 700년경)

아주 오래전, 넓고 깊이를 헤아릴 수 없는 바다가 있었다. 넘실대는 물결 아래에는 소금물을 엄청나게 분출하는 해류가 소용돌이치고 있었다. 바다 밑바닥은 무겁고 차가운 어둠 속에서 저 위에 살아 있는 생물체들의 사체가 가라앉아 내려오기를, 조바심 내지 않고 기다리고 있었다.

이곳은 판탈라사Panthalassa해라고 불리는데, 여기서 헤엄치는 모든 생물체는 모든 방향으로 끝없이 펼쳐져 있는 이곳이야말로 온 우주라고 믿고 있을 터였다. 판탈라사의 생물체는 우리가 알고 있는 해양 생물체와는 전혀 달랐다. 턱이 없이 뒤틀린 무악류 물고기가 엄청난 떼로 몰려다녔는데, 그들은 물컹거리는 몸을 이리저리 흔들며 고착할 장소를 찾아다녔다. 셀 수 없이 많은 연체동물이 영원히 움직일 것처럼 헤엄쳤는데, 움직일 때마다 아가미가 벌어져 펄떡거렸다. 나선으로 돌돌 말린 껍질을 지닌 오징어는 몸을 움츠렸다 물을 뿜어내며 앞뒤로 움직였다. 뿌리를 바닥에 붙인 해양 극피동물인 갯나리는 잎을 사용해 흔들리며 떠다니는 작고 약한 생물체를 먹이로 삼았다.

태평양보다도 훨씬 큰 판탈라사해는 거대하긴 해도 끝없이 펼쳐진 것은 아니었다. 지구의 다른 한편에는 테티스Tethys해가 자리 잡고 있었는데, 짠맛 나는 녹조류가 두텁게 자라났고 이런 해초를 작은 동물들이 뜯어 먹고 있었다. 이 초록 점액질 안에는 때때로 거품으로 몸을 감싼 아메바가 떠다니기도 했으며, 구멍이 숭숭 뚫린 산호는 앉아서 몸을 고정하고 저녁거리가 지나가기를 기다렸다. 작은 바닷말은 햇빛에 몸을 드러내고 저 먼 산맥에서 흘러 내려온 토사를 통해 영양을 공급받았다.

판탈라사와 테티스 사이에는 강을 통해 물이 흐르고, 화산으로 곳곳에 구멍이 났으며, 각기 다른 생명체들의 고향이 된 광대한 대륙이 자리했다. 이 대륙의 한가운데 근처에 루르Ruhr 숲이 있었는데, 우리가 알고 있는 숲과는 전혀 다른 모습이었다.

키가 10미터에 이르는 루르 숲의 나무들은 양치류 엽상체葉狀體로 덮여 있었고, 아래쪽에서 포자를 만들어 떨어뜨리곤 했다. 좀 더 큰 나무들은 30미터 정도의 수간樹幹을 자랑하며 뾰족한 바늘 모양의 잎을 별처럼 달고 고요히 서 있었다. 이런 나무들은 전체가 다 목질로 되어 있는 것은 아니고 한가운데는 텅 비어 있었다. 겉도 수피樹皮로 덮인 것이 아니어서 페이즐리 문양처럼 온통 상처가 남아 있었다. 더 이상한 것은 어디에서도 꽃을 찾아볼 수 없다는 것이었다. 단 한 송이도 볼 수 없었고 꽃이 진 후 열리는 과일도 없었으며 이보다 앞서서 존재해야 할 꽃가루도 찾아볼 수 없었다.

루르 숲의 바닥은 이끼로 덮여 있었는데 거대한 노래기가 떨어진 잎을 갉아 먹으며 땅속으로 파고 들어갔다. 이곳의 생명체들은 이상한 모양을 하고 있었다. 대부분이 벌거벗은 채여서 등껍질 없는 거북들이 떨어진 잎들을 몸으로 밀고 지나갔고, 갈매기만큼이나 거대한 잠자리는 축축한 대기 속을 배회했다. 대양저의 퇴적물처럼, 세월이 흐르며 늪지가 많아져 축축한 숲 아래로 진흙이 쌓여갔다. 동식물의 사체를 아무런 판단이나 편견 없이 받아들이고 그것들과 하나가 되어가면서.

앞에서 소개한 이야기가 허구처럼 들릴지 모르겠지만 완전히 동화童話라고는 할 수 없다. 판탈라사해, 테티스해, 루르 숲은 2~3억 년 전 이 지구상에 존재했던 곳들이다. 내가 소개한 이야기에는 허구가 단 한 방울도 들어 있지 않은데, 박물관에 그 충분한 증거들이 잘 보존되어 있다. 암석과 뼈를 살피는 것으로 한참 전 세상의 역사를 가늠할 수 있을 것이다.

　　루르 숲은 수백만 년 동안 점점 더 무성해져갔다. 지구상 첫 번째 열대우림 숲이었다. 결국 세월이 흐르며 영겁이라는 모래 아래 묻히게 되었다. 부서지고 썩어서 곤죽이 된 잔해는 땅속 깊이 내려갔고, 그곳에서 열과 압력을 받아 한때 잎과 줄기였던 것들이 검고 단단한 석탄으로 변화되었다. 그러는 동안 대륙은 밀렸다 당겨지는 융기 운동을 통해 원래 있던 곳에서 멀리 떨어져 지구 반대편에 자리 잡을 때까지 계속 움직였다.

　　그와 유사하게 테티스해는 땅속으로 접혀 들어갔고, 수천만 년 넘는 세월 동안 식물과 동물이 죽은 다음에 뜨거운 열과 압력을 통해 모래층 사이 구덩이에 자리 잡아 부글거리는 거품을 내는 검고 진한 농축액으로 변해갔다. 이전에 생명체였던 모든 것의 잔해가 진한 원유가 될 때까지 이런 일이 이어졌다. 판탈라사해의 식물과 동물 역시 비슷한 운명을 맞는데, 그들의 기름기 있는 유체는 훨씬 더 고통스러운 과정을 겪게 되어 압력을 받은 모든 분자가 기포로 변하게 된다. 이 기포들이 암석층을 따라 흘러가다가 거대한 천연가스 에어 포켓을 형성하게 된다.

　　루르 숲과 테티스해, 판탈라사해의 식물과 동물 사체는 시간이 흐른 후 각각 독일의 석탄 지대와 사우디아라비아의 유전, 노스다코타주의 천연가스 지대를 구성하게 되었다. 서유럽의 가장 큰 탄전 지대는 아주 오래전에는 열대 우림이었던 곳이다. 전 세계에서 가장 생산성 높은 유전은 예전에는 깊지 않은 바다였는데 이곳에서 원유가 나온다. 요즘 한창 인기를 끌고 있는 수압 파쇄법으로 채취하는 천연가스는 오래전 끝을 알 수 없는 심해였던 곳에서 나온다.

화석은 중요한 것이기도 하고, 아무것도 아니기도 하며, 그 사이 어디쯤 있는 것이기도 하다. 호박琥珀 안에 갇힌 곤충과 공룡의 발자국은 지난 세월로부터 전해진 유품으로, 모두 화석으로 간주된다. 땅과 바다에 사는 생명체 중 대다수를 차지하는 것은 식물로, 수십억 년 동안 존재해왔다. 석탄과 석유, 천연가스는 수억 년 전 살았던 식물과 동물(그러나 대부분은 식물)의 잔해가 압축되고 익혀지고 부서진 결과물이다. 고체(석탄), 액체(석유), 기체(천연가스) 형태 모두 화석이 될 수 있다. 그렇게 되면 그것들은 연소성 물질이기 때문에 연료로 사용할 수 있으며, '화석연료'라고 불린다.

석유의 대부분은 자동차의 내연 기관에서 사용되고, 석탄의 대부분은 발전소에서 전기를 만들어내는 데 사용되며, 천연가스는 공장 용광로에서 태워 없어진다. 화석연료에 불을 붙이는 것이 엔진에 전력을 공급하고 전기와 열을 만들어내는 유일한 방법은 아니지만, 단연코 미국에서는 가장 일반적인 방법이다. 운전을 하고 음식을 만들고 불을 켜고 난방을 하고 냉방을 하고 공장을 돌리느라 지구상에서 사용되는 에너지의 90퍼센트는 화석연료를 태워 얻는 것이다.

석유와 석탄과 천연가스에 대한 세계의 의존도는 극히 공평하게 나누어진다. 매년 연소되는 모든 화석연료를 살펴보면 40퍼센트는 석유, 30퍼센트는 석탄, 나머지 30퍼센트는 천연가스다. 그 이유는 기반 시설과 관련이 있다. 자동차의 99.9퍼센트 이상은 정제된 석유를 사용하도록 설계되어 있고, 지구상 대부분의 발전소는 석탄을 태워 가동하도록 설계되어 있으며, 오늘날 공장 설비의 상당 부분은 천연가스를 통해 작동하게 만들어져 있다. 화석연료를 서로 바꿔 사용하는 것은 가능할 수도 있지만, 만들어내는 에너지 양과 배출되는 부산물이 사용되는 연료의 종류에 따라 다르기 때문에, 그러자면 비용이 올라간다.

앞서 살펴보았듯이 지난 50년간은 더 많은 차, 더 잦은 운전, 더 많은 전기, 더 많은 생산으로 대표되는 풍요의 시대였다. 그렇기에 더 많은 화석연료를 사용한 시기라 해도 놀랄 일이 아니다. 50년 동안, 전 세계의 화석연료 사용은 세 배나 증가했다.

살아 있는 세포조직을 석탄과 석유, 천연가스로 변환시키는 데에는 시간이 최소 수천만 년이 걸리기 때문에 화석연료는 '재생 불가능한' 연료로 알려졌다. 석유와 석탄과 천연가스를 땅속에서 채취해 자동차와 발전소와 공장에서 태워버린다면, 이 연료들은 대체될 수가 없다. 점점 늘어나는 지구의 인구로 화석연료 사용 역시 늘어날 것이 예상되는 가운데 궁금해하지 않을 수 없다. 우리가 사용할 수 있는 화석연료는 얼마나 남아 있을까?

지질학은 수백 년의 역사를 지닌 과학으로 지난 100년 동안 석유와 석탄과 천연가스를 함유한 지층의 위치를 알아내고, 그 위치를 기록하고, 또 그런 자원에 접근하는 일에 상당한 공헌을 해왔다. 이런 작업들을 기반으로 영국의 석유기업인 브리티시 페트롤리엄BP은 화석연료의 '확인 매장량(확실하게 이용할 수 있는 매장량)'을 합산해 공표해왔다. 베네수엘라의 유전이 대부분 1980년 이후 발견된 것처럼 새로운 자원층이 갑자기 등장할 수도 있겠지만 대부분의 경우 BP의 데이터베이스는 땅속에 남아 있는 화석연료에 대해 꽤 의미 있는 정보를 전해준다.

오늘날과 같은 석유 사용 비율을 고려할 때 전 세계 석유의 확인 매장량은 50년치 정도로 추정되며, 오늘날과 같은 사용 속도로 보아 천연가스의 확정 매장량 역시 50여 년 정도 분량일 것이다. 석탄 매장량은 이보다는 좀 나은 편이다. 현재와 같은 정도로 사용한다면 150년 정도 쓸 수 있다. 물론 이런 모든 수치는 지난 수십 년간처럼 매년 화석연료 사용이 늘어난다면 지나치게 높은 추정치가 될 것이다. 화석연료가 고갈될 것이라는 주장은 한 번도 이루어진 적이 없어서, 1939년 이후에 과학자들은 양치기 소년이 되어버렸다. 해군석유비축Naval Petroleum Reserves 책임자는 미국의 석유 매장량이 2차 세계대전이 끝나기 전 고갈될 것이라고 미 의회에서 말하기도 했었다.

알려진 석유와 가스 매장량이 1980년 이후 두 배로 증가한 것은 사실이나, 전 세계 화석연료의 소비 역시 두 배가 되었다. 언제인지 정확하게 알 수는 없지만, 어떤 시점에 이르면 무언가 대가를 치러야 한다. 4세대에 걸쳐 지질학자들이 평원과 산맥과 해저를 그려가며 지도를 완성했을 때 빠뜨렸던 두 번째 판탈라사해 같은 것은 없다. 우리가 의존하고 있는 유한한 자원보다 인간 사회가 오래가기를 원한다면, 화석연료로부터 벗어나는 것이 올바른 방향으로 가는 첫걸음인데 그 대비는 아무리 빨리 해도 이르지 않다.

수십 년간 국제적 반목을 일으켰지만 각 나라가 에너지 독립을 위해 각국의 식량 수급 문제를 절박하게 다시 고민하는 상황에서, 화석연료가 발견되는 지역과 그것이 사용되는 지역이 많이 겹치지 않는다는 사실에 대해 충분한 논의가 이루어지지 않고 있다. 테티스해가 최종적으로 자리 잡은 위치 덕에 현재 자원 관련 지형도는 그리기 간단하다. 지구상 모든 석유와 천연가스 매장량의 절반은 사우디아라비아를 주축으로 하는 중동 국가들의 경계 안에서 찾을 수 있다. 이와 대조적으로 전 세계 석유와 천연가스의 절반은 OECD 국가들 내에서 사용되고 있다.

이렇듯 자원을 갖고 있는 쪽과 자원을 꼭 필요로 하

는 쪽의 명확한 불일치로 인해, 한 세기 동안 양측을 지원하는 역할을 맡은 사우디아라비아와 미국의 지도자들 간에 복잡한 사연이 이어졌다. 지난 장에서 살펴보았지만, 석유가 중요한 역할을 했던 미국의 최근 두 차례 전쟁은 말할 것도 없고 1973년 중동의 석유 수출 금지 기간 동안 미국 자동차 업계는 10여 년에 걸쳐 심각한 불안을 경험하기도 했다.

화석연료에 대한 인류의 열광은 대단한 사랑 이야기를 보여주는 듯하다. 지쳐서 터덜거리며 망각으로 마지막 여행을 떠나는 오래된 부부처럼, 이혼이라는 것은 상상조차 하지 못한다.

지난 50년간 미국은 필요한 에너지의 90퍼센트를 화석연료를 태워 얻어냈다. 석유와 천연가스, 석탄에 관해 이야기할 때면 자신이 얼마나 많은 천연자원을 쓰고 있는지에 대해서가 아니라 이런 자원을 어디에서 가져올 것인지에만 관심이 있는 미국인들 때문에 머리가 아플 정도다. 9·11 이후의 세상에서, 미국은 여전히 석유의 3분의 1정도를 OPEC 국가들로부터 수입하고 있다. 1973년 석유 위기 직전과 거의 흡사한 상황이다. 지난 수십 년간도 그랬지만 지금도 가장 기본적인 연료를 중동에 심각하게 의존하고 있는 형편인 것이다.

수입 원유에 대한 의존에서 벗어나기 위해 간절하고

불운한 탐색을 이어온 미국은 사용할 수 있는 모든 방법을 사용했고 온갖 약속을 해왔다. 단 하나, 연료 사용을 줄이려는 노력만은 제외하고 말이다. 석유 대신 국내에서 캐내는 석탄과 천연가스 자원을 사용하자는 제안은 채굴과 수압 파쇄에 수반되는 환경오염으로 인해 거센 저항에 부딪혔다. 이런 반대에도 불구하고 미국 내 천연가스 생산은 2005년 이래 증가해왔고, 석탄 생산은 지난 30년 중 최저치를 기록하고 있다. 그러나 현재 미국은 2005년 화석연료 사용량과 거의 같은 양을 사용하고 있기에 이런 변화의 결과는 전체적으로 볼 때 미미한 편이다.

텍사스주의 원유 보유량을 고려한다 해도, 미국이 석유가 풍부한 나라라고 볼 수는 없다. 알려진 미국의 원유 보유량은 전 세계 보유량의 3퍼센트에 지나지 않는데, 자동차에 그토록 많은 부분을 의지하는 나라에는 좋지 않은 소식이다. 미국은 다른 천연자원은 비교적 풍부한 편인데, 이런 자원을 화석연료 대용품으로 바꿔보려는 창의적인 노력은 21세기에 가장 기묘한 환경 혁신을 가져왔다. 사람을 위한 음식을 자동차를 위한 연료로 만드는 것 말이다.

숙련된 증류 전문가들은 탄수화물을 함유한 것이면 무엇이든, 적절한 환경에서 알코올로 발효될 수 있다는 사실을 알고 있다. 포도나 꿀 같은 데서 나오는 당분이 그 예인데 여기에 감자나 보리 등에 있는 전분도 포함된다. 비교적 최근이라 할 수 있는 1990년 이후 휘발유 공급 확대를 위해 식용 알코올인 '에탄올'을 산업용으로 대량 제조했다. 지금 미국에서는 옥수수로 발효 에탄올을 만들고 브라질에서는 사탕수수를 이용해 에탄올을 만들고 있다.

이 말은 지구상 수만 제곱킬로미터의 땅에 씨앗을 심고 물을 주고 비료를 주고 살충제와 제초제를 뿌려 수확물을 거둬들여 가공을 한 후, 그것을 짓이기고 발효시켜 연료로 만든다는 의미다. 자원이라는 측면에서 보자면 극도로 비효율적인 방식이다. 이렇게 하려면 화석연료를 사용하는 트랙터가 수백만 킬로미터를 움직이고 수 톤의 화학물질을 뿌려야 하는데, 농부의 수지타산을 맞춰주기 위해 그 모든 과정에 400억 달러의 보조금이 사용된다. 바이오 연료의 유일한 장점은 이 모든 것이 국내에서 이루어져 제조업자들이 외국산 수입 원유에 덜 의존하게 된다는 것뿐이다.

미국이 수입하는 원유의 10분의 1정도만 수입하며 에너지를 자급할 수 있는 브라질 같은 나라라면 적어도 어느 정도 선에서는 효과를 발휘할 수 있을 것이다. 하지만 미국의 경우는 바이오 연료 기술이 막 시작되기 전인 1990년대 수준으로 석유를 수입하고 있다. 지난 100년간 개발된 대부분의 에너지 혁신책과 마찬가지로, 옥수수 에탄올 바이오 연료의 발전은 연료 소비의 확대를 촉진할 뿐이다.

유럽연합은 에너지 효율과 관련하여 쉽지 않은 문제를 겪고 있다. 석유 보유량이 전혀 없는 땅에서 5억 명이 살고 있는데, 대부분의 나라가 석탄 사용을 중단하겠다고 선언한 상황에서 여전히 매년 엄청난 양의 화석연료를 사용하고 있다. 더구나 EU 국가들에는 에탄올 발효 연료 생산이 가능할 정도로 넓은 옥수수밭이 있지도 않다. 그런 이유로 유럽에서는 바이오디젤에 대한 관심이 높다.

디젤 연료는 휘발유보다 점도가 높고 트럭이나 기차, 군용 차량처럼 무거운 교통수단의 엔진에 주로 사용된다. 디젤은 대두나 카놀라 등에서 추출한 기름과 함께 섞어서 사용할 수 있다. 유럽연합 국가들은 매년 50억 리터의 바이오디젤을 생산하는데, 이는 전 세계에서 생산하는 바이오디젤의 절반에 해당한다. 요약하자면, 지구상에서 바이오 연료의 상당 부분은 세 곳에서 생산하고 사용한다. 미국에서는 옥수수에 기반한 에탄올을, 브라질에서는 사탕수수에 기반한 에탄올을, 유럽연합은 대두와 카놀라 원료의 바이오디젤을.

농사는 매년 새로 짓는 것이다 보니 바이오 연료는 '재생 가능한 것'으로 여겨진다. 그래서 수확한 농작물의 일부분을 가져다 잘라 발효시킨 후 여기에 불을 붙여 태워버리는 방법으로 소비하게 되었다. 오늘날 연료 소비 수준을 볼 때, 바이오 연료는 석유에 대한 현실적인 대안이 될 수 없다. 만일 미국이 화석연료를 포기하고 100퍼센트 바이오 연료에만 의지하려 한다면, 내 계산으로 현재와 같은 연간 바이오 연료 생산량으로는 6일밖에 사용할 수 없다.

유럽연합의 경우는 더욱 심각해서 3일 정도 사용할 수 있을 것이다. 브라질은 이보다 좀 더 긴 편으로 3주 정도 사용할 양이다. 생산하는 농작물의 상당 부분을 연료 생산으로 돌린다 해도 세 곳 중 그 어디도 화석연료에 대한 의존도를 살짝 줄여주는 것 이상으로 충분한 바이오 연료를 만들어내지는 못한다.

자동차에 장착된 엔진을 위해 엄청난 양의 식량에 불을 붙인다는 점에서 바이오 연료에 관한 부가적인 윤리적 고려가 필요하다. 1킬로그램의 바이오 연료를 만들려면 20킬로그램의 사탕수수가 필요한데, 이런 전환에 필요한 옥수수와 대두 역시 마찬가지 상황이다. 오늘날 지구상에서 생산되는 곡류의 20퍼센트가 바이오 연료에 사용되는데, 바이오 연료 제조에 필요한 원재료로는 먹을 수 있는 부분과 먹을 수 없는 부분을 함께 사용할 수 있고 실제로도 그렇다는 바이오 연료 옹호론자들의 지적을 참고한다 해도 8억 명에 이르는 온 세상 굶주린 사람들을 고려하면 엄청난 양이다.

우리는 자동차에 중독되어 있고 자동차는 석유에 중독되어 있는 상황에서 해결책은 보이지 않는 듯하다. 오늘날 볼 수 있는 자동차들이 대부분 석유를 기반으로 **만들어진다**는 사실을 확인하면 문제는 더욱 심각해진다. 자동차 범퍼와 문, 대시보드, 엔진 케이스, 타이어 등 모든 것이 석유에서 만들어낸 '폴리머'를 사용한다. 우리가 타는 자동차

뿐만이 아니라 우리의 삶 모두가 '플라스틱'이라 부르는 물질로 채워지고 포장되는데, 이는 석유에서 기인한 또 다른 제품이다.

세인트버나드 주립공원에는 벨벳처럼 부드러운 어둠 속에 누워 악어의 울음소리를 들을 수 있는, 가재가 잔뜩 살고 있는 캠프장이 있다. 뉴올리언스 심장부에서 20여 킬로미터 떨어진 세인트버나드 주립공원은 방문하기도 쉬워서 멕시코만으로 구불거리며 향하는 미시시피강을 따라가기만 하면 된다. 시간은 충분히 잡도록 한다. 제한속도가 시속 90킬로미터인데 대부분의 이곳 사람들은 시속 55킬로미터 정도로 운전한다. 해가 넘어가기를 기다리며 졸고 있는 개들과 해 뜨기를 기다리는 나팔꽃, 월급날을 기다리는 전당포들을 지나가게 될 것이다. 뉴올리언스 남부는 기다림에 관해서는 모든 기술을 통달한 지역이다.

공원으로 향하는 길 중간쯤에서, 에인 랜드Ayn Rand(《파운틴 헤드》 등을 쓴 미국의 작가이자 사상가 - 옮긴이)와 올더스 헉슬리(《멋진 신세계》 등을 쓴 영국의 작가 - 옮긴이)가 함께 디자인한 것 같은 이상한 풍경 속으로 들어가게 될 것이다. 루이지애나주 샬멧Chalmette으로 향하는 8킬로미터 내내 닥터 수스Dr. Seuss(미국의 동화 작가이자 만화가 - 옮긴이) 그림책에 등장하는 것보다 훨씬 딱딱하지만 그만큼 환상적인 모습으로, 파이프와 배관 차단 밸브를 장착한 공장의 연기 배출 장치와 증기 배출 장치, 크고 작은 굴뚝이 거대한 무리를 지어 서 있는 길을 지나가게 될 것이다. 수 킬로미터에 걸쳐 이어지는 비계와 건물 외부의 계단통이, 연기를 토해내는 도관들 사이에서 타고 올라가는 길을 만들어준다. 거대한 액체 저장 탱크와 보관 탱크, 수천 대의 탱커 트럭이 들어왔다 나가기를 반복할 수 있는 주차장이 굴뚝들에 둘러싸여 있다. 낮 동안에는 이곳이 온통 녹슬고 페인트칠이 벗겨진 거대한 고물 처리장처럼 보이지만, 밤이 되면 노란빛을 내는 투광 조명기가 음울하고 너그럽게 이 장소를 채운다. 밝게 빛나는 붉은색 안전등이 늘어서 하늘 위를 날고 있는 비행기와 인공위성에게 구조물의 윤곽을 보여준다.

샐멧으로 향하는 고속도로에 이웃한 습지에 산업단지가 들어서 있는데, 여러 개의 개별적인 공장들이 하나로 뭉쳐져 단일 시설을 이룬다. 바로 정유소다. 미국에는 이와 비슷한 135개의 정유 시설이 있는데 대부분이 루이지애나, 텍사스, 캘리포니아에 자리 잡고 있다.

미국은 유정油井을 통해 지하에서 직접 끌어 올린 원유를 매일 1,000만 배럴 정도 수입한다. 이 1,000만 배럴은 미국 국내에서 생산된 1,300만 배럴과 함께 사용되기 전 적절한 처리, 즉 '정유精油' 과정을 거쳐야 한다. 정유란 대부분 증류의 과정이라 볼 수 있다. 원유는 압력을 받으면 끓어오르며 여러 가지 물질로 나뉜다. 가장 무겁고 끈적거리는 부분은 아래로 내려앉고, 증기는 올라가 프로판이

나 휘발유 같은 가벼운 물질로 응축되며, 디젤은 그 중간쯤에 남게 된다. 1800년대에 세워진 단순한 정유 시설 덕에 원유로부터 등유를 증류해 램프에 사용하게 되었고, 처음으로 도시의 거리와 탄광의 갱도와 밤에 항해하는 배의 갑판을 밝힐 수 있었다. 당대 혁신가들이 이런 정유 과정의 탐구에 나선 끝에 분명 어딘가에는 도움이 될 가연 성분의 다양한 부산물을 만들어냈다.

정유 과정의 가장 중요한 부산물 중 하나가 바로 '석유화학 공급 원료'라 불리는, 플라스틱 원료다. 1950년 이후 20여 종의 각기 다른 플라스틱이 발명되었다는 말은 과장이 아니다. 이들은 폴리에틸렌polyethylene, 폴리프로필렌polypropylene, 폴리스티렌polystyrene, 폴리염화비닐polyvinyl chloride, 폴리에스테르polyester 등 '폴리'라는 이름을 단 일련의 물질로 우리 생활의 모든 면면에 혁명을 가져왔다.

플라스틱에 관해 강의하기 전에, 나는 학생들에게 백팩이나 가방을 열고 그 안에 들어 있는 플라스틱 제품의 숫자를 세어보라고 말한다. 최소 스무 개 이상 갖고 있지 않다면 대단히 검소한 사람이라 볼 수 있는데, 일반적인 학생이라면 지갑 속 내용물을 꼼꼼히 살피고 볼펜의 부품을 분리하여 50개 이상 찾아낼 수 있다. 우리 주위에서 볼 수 있는 물건의 모든 외장재, 우리가 덮는 모든 섬유제품, 우리가 다루는 모든 물건은 대부분 내가 태어난 해인 1969년 이전에는 존재하지 않았던 플라스틱으로 만들어진다. 반세기가 채 안 되는 짧은 시간 내에 유리와 금속, 종이와 면화로 만들던 것들이 훨씬 가볍고 내구성 좋으며 제작과 이동에 비용이 덜 드는 플라스틱으로 대체되었다.

플라스틱의 발명과 혁신은 20세기 제조업의 기적 중 하나로 손꼽힐 만하다. 플라스틱으로 된 외면과 플라스틱으로 만든 물건들은 청소하기 쉽고 살균 상태를 유지하기 쉽기에 병원과 의료 시설 등에서 자주 사용되었다. 비닐 랩은 내용물이 새는 것을 막아주고 며칠밖에 보관하지 못했던 고기와 채소를 몇 주간 보관할 수 있게 해주어 1년 내내 신선한 식품의 유통 및 소비가 가능해졌다. 1980년대 들어 무거운 금속 부품을 틀에 부어 만드는 플라스틱으로 대체한 덕에 우리가 사용하는 자동차와 트럭, 비행기의 연료 효율이 높아졌다. 더 큰 운송 수단을 만들고 그 안에 타서 더 멀리까지 운전한 탓에 연료 효율 상승 효과를 상쇄해버리긴 했지만.

오늘날 전 세계에서 만들어지는 플라스틱은 매년 3억 톤 이상인데, 이는 지구상 모든 사람의 몸무게를 합친 것과 비슷한 수치다. 오늘날의 플라스틱 제조 규모는 1969년에 비해 열 배가 커졌고, 1940년대 전무한 상태에서 시작해 급속도로 빠르게 성장해왔다. 다행인지 불행인지 모르겠지만, 매년 만들어지는 플라스틱 대부분은 일회용 패키지에 사용된다. OECD 국가에서 사는 사람은 평균적으로 자신의 몸무게에 해당하는 만큼의 플라스틱을 매년 버리고 있는데, 재활용을 위한 점차적인 노력에도 불구하고 그 90퍼센트는 매립지로 향할 뿐이다. 우리가 던져버리는 플라스틱의 10퍼센트는 바다로 가서 영원히 대양의 소용돌이에 휩쓸려 다니는 거대한 부유 쓰레기를 이룬다.

전 세계 플라스틱 거의 대부분이 석유를 이용해 만들어지고, 석유는 플라스틱 공장을 돌리는 연료로 사용된다. 매년 지구상에서 태워져 사라지는 화석연료의 10퍼센트가 플라스틱을 만드는 데 사용되고 있다.

우리가 에너지에 관해 이야기할 때, 그것이 화석연료든 재생 가능한 에너지든 비율과 총량 사이에서 헷갈리기 쉽다. 그리고 우리는 이를 이용한 책략을 잘 쓰는 정치가와 과학자를 모두 보아왔다. 설명하자면, 이런 방식으로 작동된다. 내 친구 브라이언은 몇 년 전 흡연을 그만두었는데 수십 년간 담배에 중독되어 있었으니 놀라운 일이었다. 16세의 그는 친구들과 함께 수업 후 담배를 피웠는데 한 갑이면 일주일 정도 지낼 수 있었다. 대학 시절에는 시간제로 일을 하며 이 습관이 더 심해져 일주일에 두 갑 정도 피우곤 했다. 학교를 졸업하고 전일제로 건축 현장에서 일하게 되자 흡연량이 매일 한 갑으로 늘어났다.

브라이언의 삶에서 담배의 중요성을 최소화하고 싶을 때, 나는 그의 담배 구입비가 급료에서 차지한 비중이 지난 20년 동안 급격하게 줄어들었다고 이야기할 것이다.

담배가 브라이언의 삶에서 차지한 중요성을 강조하고 싶다면, 나는 그가 매주 피운 담배의 전체 개수를 강조해 그 기간 동안 일곱 배가 늘었다고 이야기할 것이다. 사실을 놓고 보면 이 두 설명은 모두 맞는 이야기지만 맥락 없이 독자적으로 제시할 경우, 브라이언의 흡연 습관은 각각의 설명에 따라 서로 다른 인상을 줄 것이다. 브라이언의 삶에서 담배가 행사한 역할을 제대로 이해하려면 양쪽을 모두 잘 살펴야 한다.

지구상 사람들은 1960년대부터 지금까지 넓은 지역에 걸쳐 화석연료를 고갈시키고 있다. 이것이 실제로 의미하는 바는 50년 전, 세계 인구가 화석연료를 사용해 에너지 수요의 94퍼센트를 충족시킨 이후 그 비율이 감소하고 있다는 것이다. 현재는 85퍼센트까지 떨어졌다. 미국은 물론이고 유럽도 마찬가지 상황이다. 우리가 옳은 방향으로 가고 있다는 증거로 제시된 이런 일련의 **진실된** 사실을 자주 목격하게 된다.

우리가 사용하는 화석연료의 총량이 같은 기간 동안 점차 증가하고 있는 것 또한 사실이다. 전 세계적으로 매년 사용하는 화석연료의 총량은 지난 50년 동안 두 배 이상 증가했고, 미국과 유럽의 화석연료 사용량은 3분의 1 정도 증가했다. 전체 양에 초점을 맞춘다면 온 세계가 점점 더 많은 화석연료를 태워 없애고 있다는 대체적인 인상을 받지만, 훌륭한 과학자가 마땅히 그러해야 하듯 두 가지 정보를 함께 고려해야 진짜 현실을 이해하게 될 것이다.

우리는 점점 더 많은 에너지를 사용하고 있지만, 화석 연료의 대안을 찾아 나서기 시작한 것도 사실이다. 하지만 '대안'이라 해도 우리가 매일 먹는 커다란 에너지 케이크의 맨 위층에 자리한 아주 얇은 아이싱 정도에 지나지 않는다. 멈춰 서서 스스로에게 정말 디저트가 필요한가 질문하는 일은 결코 하지 않는다. 정유 공장이 활발하게 가동되어 전 세계가 타오르는 동안, 이런 질문은 계속해서 몇 번이고 미뤄둘 뿐이다.

⑬

우리가 돌리는
바퀴들

감각의 쾌락에 빠져 게으른 채로
이 세상의 바퀴를 돌리는 일에 함께하지 않는다면,
수치스럽고 헛되게 사는 삶이라 할 수 있다.
- 《바가바드 기타》(기원전 200년경)

회전 바퀴는 움직이는 동시에 멈춰 있는 마법과도 같
은 장치다. 구리선으로 감싼 쇠막대를 회전 장치에 부착해
자석 가까이에 놓아두면 막대가 돌아가며 전기를 만들어
낸다. 기계적인 에너지(회전하는 바퀴)에서 (전선에 흐르는)전기
에너지로의 전환은 200년 전 처음 발견된 이래 호기심을
자극해온 일종의 마법이었다. 21세기인 지금까지, 이런 회
전하는 바퀴에 대한 새롭고 즐거운 실험이 계속되어왔다.

누구에게나 특별히 좋아하는 도시가 있는데 봄날의
파리이기도 하고, 해질 무렵의 카이로이기도 하며, 크리스
마스의 뉴욕이기도 하다. 내 경우는 여름철 일을 잠시 쉬

고 햇살을 충분히 즐기는 7월의 미니애폴리스로, 내가 집을 떠나 이사를 간 첫 번째 장소이자 건물에 엘리베이터가 한 대 이상 갖춰진 첫 번째 동네이기도 해서 이 도시를 생각하면 늘 화려함과 자유, 다양한 기대가 연상된다.

여름을 맞은 미니애폴리스에서 내가 가장 좋아했던 곳은 스톤아치 다리 근처였다. 화강암과 석회암으로 미시시피강 위에 놓인 이 다리는 시내와 미네소타 대학을 연결해준다. 걷거나 자전거를 타거나 스케이트보드를 타고 다리를 건널 수 있고, 광장에서 어슬렁거리거나 사진을 찍거나 그저 흐르는 강과 함께 앉아서 사람들 구경을 할 수도 있다. 스톤아치 다리의 중간 지점은 햇살 좋은 7월의 어느 날 잠시 멈춰 인생에 관해 생각해볼 완벽한 장소다.

이 다리가 무더운 날 멋있는 또 다른 이유가 있다. 쏟아지는 강물로부터 뿜어져 나오는 물보라가 기분 좋고 시원하게 배경으로 깔아준다. 그리고 세인트앤서니 폭포는 강 상류 쪽에서 세차게 물을 떨어뜨리면서 낮고 요란한 소리를 계속해서 배경으로 깔아준다. 쉬지 않고 쏟아지는 엄청난 물은 멕시코만으로 향하는 미시시피강의 3,000킬로미터 여정을 따라가다 이곳에서 잠시 멈칫하게 된다. 세인트앤서니 폭포에 감탄하며 아무리 오랫동안 서 있는다 해도 모든 것을 보지는 못할 것이다. 그 수면 깊은 곳 어둠 속에 다섯 개의 거대한 바퀴가 돌아가고 있다.

각각의 거대한 회전체는 앞서 설명한 도선과 자석 방

식을 사용해 전기를 만들어낸다. 강물이 4미터 아래 댐으로 쏟아져 내려 '터빈'이라 불리는 거대한 회전체를 돌리게된다. 2016년 세인트앤서니 폭포는 100기가와트의 전기를 만들어냈는데 이는 미니애폴리스 시 전역에 일주일간 공급하기에 충분한 전력이다. 미국에는 이와 비슷한 '수력발전' 설비가 수백 개 있고 전 세계적으로는 수천 개에 이르는데 기본 원리는 모두가 비슷하다. 강에 댐을 만들고 물이 터빈 장치들 위로 떨어지게 해 거대한 날개바퀴를 돌려 전기를 만들어내는 것이다.

가장 규모가 큰 수력발전소는 30개 이상의 터빈을 돌리는데, 비교적 작은 편이지만 꽤 괜찮은 수준이라 할 수 있는 미니애폴리스 세인트앤서니 폭포 발전 설비에 비해 200배가 넘는 전기를 생산한다. 수력발전은 강력한 에너지원으로, 전 세계에서 화석연료의 대안으로 가장 광범위하게 사용되는 방식이다. 그렇다고는 해도 수력발전은 전 세계 생산 전력의 오직 18퍼센트만 담당할 뿐이다.

하지만 이런 날개바퀴를 돌릴 수 있는 것이 물만은 아니다. 미니애폴리스에서 샌안토니오를 향해 남쪽으로 차를 타고 가다 보면, 지난 10년 동안 흰색 풍력 터빈 군락체가 민들레처럼 솟아난 것을 목격하게 된다. 뾰족한 나무 모양으로 이루어진 낯선 금속 숲에서, 뼈대처럼 보이는 가지들이 돌아가거나 멈춰 서 있거나 이 둘을 번갈아 하고 있다. 이 거대한 흰색 날개의 깃은 각각이 비행기 날개 크기로 지상에서 60미터 정도 높이에 자리하고 있다. 날개가 바람을 받으면 회전하면서 전기를 만들어낸다. 물속에 자리한 터빈과 같은 원리로 이렇게 만들어진 전류는 땅 위와 땅속의 케이블을 통해 각 가정과 건물, 공장으로 보내진다.

풍력발전소에는 세심하게 자리 잡은 수백 개의 터빈이 작동하고 있다. 이런 시설은 세인트앤서니 폭포 수력발전소에서 만들어내는 것의 두 배 되는 전기를 일정하게 만들어낸다. 하지만 이 두 가지 시설에서 사용되는 터빈의 수에는 차이가 있다. 물속의 터빈이 몇 개 정도라면 바람 속의 터빈은 수백 개에 이른다. 바람에 비해 물의 힘이 어느 정도로 강한지 이해할 수 있을 것이다. 풍력발전으로 연간 만들어내는 전력은 전 세계에서 소비되는 전체 전력의 4퍼센트에 못 미친다.

햇빛이 잘 드는 곳이라면 태양열을 이용해 회전체를 돌릴 수도 있다. 이를 위해 햇빛을 극도로 집중해 모으고 초점을 맞출 수 있도록 거울과 렌즈를 세심히 배열하여 그 열을 모아 물을 끓여 증기로 만든다. 이 증기가 하늘을 향해 올라가면서 터빈을 돌려 전기를 생산하는 것이다. 이렇게 응축된 태양열과 태양광 패널의 유리판 사이에서 만들어지는 에너지를 모두 합해도, 매년 전 세계에서 생산되는 전력의 1퍼센트를 채 차지하지 못한다.

바람이 불어오고 햇빛이 비치는 한, 다른 부산물을 배

출하지 않으며 터빈이 계속 돌아가는 한, 자원이 소모되지 않고 그 과정에서 어떤 생태계도 문제를 겪지 않는 태양과 바람의 힘으로 만드는 에너지는 청정하고 깨끗하며 재생 가능한 것으로 여겨진다. 재생 가능하다고 **이야기하는** 에너지원을 동력화해 마음대로 활용할 수 있다면 정말 근사할 것이다. 하지만 그런 기대와 이런 에너지원들이 만들어내는 전력의 양은 대단한 불균형을 이룬다. 바람과 태양으로 생산하는 에너지를 다 합한다 해도 지구상에서 소모되는 전력량의 5퍼센트가 채 되지 않는다.

발전發電을 하는 데 있어 원료에 아무런 제한이 없는 에너지원이 하나 더 있는데, 끔찍한 부산물을 만들어낸다는 문제가 있다. 우라늄 같은 자연 방사능 금속은 쉬지 않고 붕괴하며 그 과정에서 에너지를 발산한다. 원자력발전소는 콘크리트로 된 구조체 깊은 곳에서 특별한 '농축' 우라늄의 붕괴를 자극해 엄청난 양의 에너지를 발생시킨다. 이 과정은 연쇄반응을 이끌어내 한 번의 분열이 다음 분열을 자극하고 또 다음 분열을 자극하는 방식으로 이루어진다. 이때 발생한 에너지로 끓인 물이 고온의 증기가 되어 터빈을 통해 지나가면서 전기를 만들어낸다. 원자력발전소는 연쇄반응의 속도를 조절할 수 있도록 세심하게 구축되어야 하는데, 이때의 핵반응은 핵폭탄 폭발과 비슷한 정도다.

결국 일반적인 작용 과정에서 농축우라늄은 더 이상

전기를 만들어내지 못하는 지점까지 분열하고 폐기물로 남게 된다. 바로 이 사실이 문제인데, 사용하고 남은 우라늄이 터빈을 돌릴 만큼 충분한 에너지는 배출하지 못하지만 동식물은 물론 사람에게도 문제가 되고도 남는 폐기물이기 때문이다. 설계상 실수가 가져오는 끔찍한 사고와 폐기물이 만들어내는 극도의 독성으로 인해, 사람들은 원자력을 두려워하고 피하게 되었다.

1970년대에 처음 등장했을 때 원자력 에너지는 오늘날의 풍력발전이나 태양력발전보다 훨씬 더 낙관적인 기대를 받았고, 아마 그 지위도 훨씬 높았을 것이다. 평균 크기의 원자력발전 시설이면 세인트앤서니 폭포 수력발전소 80개에 해당하는 전력을 만들어내는데, 이는 50만 명 규모의 도시가 1년 동안 사용하기에 충분한 양이다. 1979년의 스리마일섬과 1986년의 체르노빌을 포함한 일련의 참사는, 다른 모든 기술과 마찬가지로 원자력발전 역시 호머 심슨이 책임지고 있을 때처럼(애니메이션 〈심슨 가족〉의 가장인 호머 심슨은 스프링필드 원자력발전소의 안전 담당관으로 등장한다 – 옮긴이) 적절한 관할이 필수적이라는 사실을 일깨운다.

여기에 더해 농축우라늄을 발전 원료로 사용하는 데 필요한 도구와 기술은 핵무기를 만드는 데 필요한 것이기도 하다. 이 때문에 지정학적 이유로도 제한을 받아 광범위하게 채택하는 데에도 어려움이 있다. 이런 이유와 또 다른 이유들 때문에, 원자력발전은 2000년대 초반 이후 하락세다. 원자력발전을 통해 만들어지는 전력의 비율은 2002년 6퍼센트를 정점으로 찍고 나서 점점 줄어들었고, 몇몇 유럽 국가는 남아 있는 핵발전소의 폐쇄를 발표하기도 했다.

이와 비교해 미국은 원자력 에너지에 상당한 투자를 하고 있다. 미국에서 생산되는 전력의 20퍼센트는 이 나라 원자력발전소 100여 곳에서 만들어진다. 미국의 원자력발전 의존도는 전 세계 평균보다 네 배 정도 높으며, 미국에서 사용되는 원자력 발전량은 수력, 풍력, 태양력 발전량을 다 합친 것의 두 배에 이른다. 원자력발전은 여러 가지 단점이 있긴 하지만 이산화탄소를 발생시키지는 않는다. 다음 장에서 이것이 왜 중요한지 알아보겠지만 지금은 우선 돌고 있는 터빈에 집중하도록 하자.

재생에너지는 인기가 좋다. "바람을 이용한 동력으로 만들어진 전력량은 2010년 이래 두 배가 되었다"거나 "태양력 설비가 지난 10년 동안 100배 성장했다"는 언급이 자주 등장한다. 여기서 내 친구 브라이언과 담배 이야기를 다시 살펴봐야 한다. 사실을 가리고 있는 진짜 이야기는, 바람과 태양은 여전히 전 세계 에너지 사용량의 5퍼센트 미만만 책임지고 있고 이 수치를 50퍼센트로 끌어올릴 방법을 찾기란 상당히 힘들다는 것이다. 이 세상의 터빈 대다수는 화석연료를 태워 돌아간다.

발전소에서는 석탄과 천연가스를 연료로 물이 끓으며 만들어진 수증기가 위로 올라가 터빈을 지나가면서 거대한 날개를 돌려 전기를 만든다. 연료를 태울 때 만들어지는 가스는 고온에서 작동하도록 설계된 터빈을 따라 움직인다. 전 세계 전력의 3분의 2는 화석연료로 터빈을 돌려 만들어내는 것이다. 미국의 경우 이 비율이 조금 더 높다. 화석연료를 태워 전기의 대부분을 만들어내지 **않는** 국가는 손에 꼽을 정도다. 노르웨이가 하나의 예인데, 이처럼 계절에 따라 맥동하는 풍부한 산악 수로가 존재하고 인구가 적어야 화석연료에서 겨우 벗어날 수 있다.

전기는 진정 마법의 혜택이었고, 그 발견은 인간이 주위의 온갖 대상과 연결되는 방식을 완전히 변화시켰다. 불행하게도 역학적 에너지를 전기 에너지로 전환하는 일은 우울할 정도로 비효율적인데, 이는 불가피한 일이기도 하다. 과학박물관에서 전구 달린 자전거를 타본 사람이라면 이런 사실을 눈치챌 수 있다. 범인을 쫓는 경찰처럼 미친 듯이 페달을 밟아도 전구의 불이 희미하게 깜빡일 정도의 에너지만 생산되며, 속도를 조금이라도 늦추면 불이 나가고 만다.

이런 비효율성을 보완하는 최상의 방법은 극도로 농축한 에너지원을 사용하는 것이다. 화석연료와 농축우라늄은 거대한 에너지를 담고 있지만 여름철 산들바람이나 햇빛은 어떨까? 그만큼은 아니다. 세차게 흘러가는 강물은 그 중간쯤이라 볼 수 있다. 미국에 수백 개 있는 인구 10만 명 정도의 중간 규모급 도시에서 현재와 같은 수준으로 에너지를 쓴다면, 석탄을 연료로 하는 평균 규모의 발전소가 계속 돌아가야 한다.

　태양이 지닌 놀랄 만한, 거의 끝없는 에너지에 관해, 지구 대기를 엄청난 규모로 움직이게 하는 에너지에 관해 들은 적이 있겠지만 현실에서 풍력 터빈과 태양광 패널은 전체 에너지 생산에서 극히 미미한 부분만 차지한다. 10만 명 규모의 미국 도시에 재생에너지로 필요한 전력을 공급하는 것은 근처에 거대한 폭포가 있지 않다면 불가능한 일이다. 10만 명이 전기를 사용해 불을 켤 수 있으려면 중간 규모의 수력발전소가 열 개 정도 필요한데, 그게 아니라면 풍력 터빈 1,000개나 태양광 패널 100만 개가 있어야 한다. 이 모든 추정치는 해당 도시가 풍부한 수원水源을 자랑하거나 늘 바람이 불거나 햇빛이 강한 지역이어서 최상의 상태에서 전력을 생산할 수 있다는 전제 하에서 가능하다.

　재생에너지로의 전환이 달성 가능한 목표처럼 이야기하는 사람들이 있지만, 오늘날과 같은 전기 소비 수준에서 재생에너지로 완전히 전환하는 것은 미국의 경우 불가능하다. 지금의 전력 소비와 생산 수준에서라면, 미국의 전력 공급을 위해 오직 수력발전만 이용할 경우 50개의 주마다 후버 댐이 50개 정도씩 필요하다. 오직 풍력만으로 미국 전역에 전력을 공급하려면 풍력 터빈이 미 대륙 전체에 걸쳐 1.5킬로미터마다 하나씩 세워져야 하므로 총 100만

개 이상이 필요하다. 태양광에 관해 말하자면, 태양광으로 연간 사용량만큼 전기를 만들어내기 위해서는 패널을 설치하기 위해 사우스캐롤라이나주 크기의 땅을 희생해야 한다. 지금과 같은 효율성 수준에서 재생에너지로의 전환은 불행하게도 허황된 꿈이다.

청정 기술에 대한 관심이 높아지면서 자연스럽게 효과와 효율성도 비례해서 나아질 거라고 예언하는 사람도 있다. 하지만 우리는 엄청난 강도로 에너지 생산을 개선시켜줄 타개책이 필요하다. 그런 창의력은 미국의 전력 공급에 필요한 500개의 원자력발전 시설의 안전과 안정성을 개선하는 데에도 효과적으로 적용해볼 수 있을 것이다.

나는 재생에너지가 **덜 사용하고 더 많이 나누는** 해결책의 한 부분이라고 믿고 물과 바람, 태양으로부터 더 많은 전기를 만들어내면서 전기를 덜 사용하는 두 마리 토끼를 잡을 수 있는 지점이 있을 것이라고 믿는다. 재생에너지 비중의 확대는 필요한 금속 재료를 어디에서 구하는가 하는 다른 문제와 연관되어 있다. 지금은 전기를 만들어내는 터빈과 전기를 저장할 때 사용되는 배터리에 필요한 카드뮴, 구리, 납, 텔루륨, 아연, 리튬 등의 상당 부분이 칠레와 페루 두 나라로부터 들어온다. 배터리가 동력인 노트북이나 휴대폰 등의 판매가 늘어나면서 이런 금속에 대한 수요가 하늘 높이 치솟고 있는데, 옛날부터 경제 상황이 좋지 않은 이 두 나라는 여전히 가난하다.

다른 자원은 오스트레일리아나 카자흐스탄의 광산에서 확보할 수 있지만 미국 국내에서는 이런 금속류를 공급할 수 없다. 화석연료와 비슷하게, 리튬과 카드뮴은 전 세계에 공평하게 매장되어 있지 않으며 이런 금속들에 많이 의존하는 국가들은 그것들을 생산할 수 있는 곳이 아니다.

내가 만난 대부분의 미국인은 아이폰이 화석연료를 고갈시키고 있다는 사실을 깨닫지 못하고 있다. 노트북이나 휴대전화를 충전할 때 벽을 통해 타고 들어오는 전류는 지역 외곽에 자리한, 석탄을 연료로 쓰는 발전소에서 만들어졌을 확률이 높다. 냉장고, 토스터, 텔레비전, 그리고 모든 전기 조명도 대부분 화석연료를 태워 작동된다. 학교와 병원, 직장에서 불을 켜는 전기와 그 안에 있는 각종 기계에 공급되는 전기 역시 마찬가지다. 때때로 사볼까 고민하는 전기 자동차에도 적용되는 이야기다. 납과 니켈, 카드뮴 혹은 리튬으로 만들어진 탯줄을 통해 화석연료에 종속된 상태로, 깨끗하고 친환경적이라는 상상을 불러일으키는 전기 자동차는 마을의 다른 쪽에서 스모그를 방출시킨다.

적어도 화석연료 사용 과정은 지난 50년 동안 꽤 많이 깨끗해져왔다. 화석연료를 태울 때 발생하는 배출 가스에서 납과 유황 성분을 덜어내는 진전을 이룬 결과 많은 대도시의 대기질이 절대적으로 나아졌다. 하지만 발전소와 자동차에서 발생되는 가장 심각한 오염 물질은 볼 수도, 냄새를 맡을 수도 없기에 문제가 있다는 사실조차 알아차리지 못할 수도 있다.

그것은 이산화탄소라고 불리는 기체로 매년 점점 더 많은 양이 발생하는데, 어쩌면 우리 모두를 죽이게 될 수도 있다.

4부

지구

물질에 대한 집착은
자연에 대항하는 방향으로 열정을 불러온다.

－막달라 마리아 복음(150년경)

변해버린 대기

지난 수십 년간 미국의 풍경에
완전히 새로운 종류의 폐기물이 만연하여 위협이 되었다.
성장과 산업, 농업과 과학의 부산물인
기술적 폐기물이다.
– 린든 B. 존슨 대통령(1965)

생명의 순환the circle of life. 내가 질문을 던졌던 모든 사람은 우리에게 가장 보편적인 이 개념을 저마다 독특하게 정의했다. 어린 시절부터 친한 친구는 할머니가 세상을 뜬 바로 그날 자신의 첫 손녀가 태어나 기쁨과 슬픔을 동등한 무게로 느꼈는데, 삶이란 잃어버리거나 얻는 것이 아니라 그저 살아가고 또 사랑하는 것임을 확신하게 되었다고 말했다. 뉴욕 지하철에서 만난 낯선 사람에게 같은 질문을 했더니 디즈니 블록버스터 영화에 나오는 동명의 노래를 흥얼거렸다. 엘턴 존이 채 한 시간도 안 걸려 썼다는 기억 속의 그 멜로디를. 나의 경우는, 생명의 순환이라는 말을 들으면 자동적으로 식물이 떠오른다. 특히나 식물이 자랄 때 에너지를 어떻게 흡수하고, 식물을 태울 때 에너지가 어떻게 배출되는지 생각하게 된다.

생물학을 공부하는 것은 히에로니무스 보스Hieronymus Bosch(초현실적이고 기괴한 그림을 그렸던 15세기 네덜란드 화가 - 옮긴이)의 그림을 연구하는 것과 비슷해서, 몇 걸음 뒤에서 볼 때 느끼는 혼란이 가까이 다가가서 자세하게 살펴보면 더 증폭된다. 우리를 압도하는 것은 지구상 식물과 동물의 끝없이 다양한 모습과 질감만은 아니다. 생명이 있는 존재가 자라나고, 자신의 각 부분을 유지하고, 힘들 때를 대비해 저장하고, 적에 대항해 스스로를 지키고, 다음 세대를 번식시키는 방법의 끝없는 변화 역시 압도적이다. 자연은 보스의 그림과 마찬가지로 자세히 살펴볼수록 더 많이 알게 된다.

지구상 모든 형태의 생명체가 지닌 공통점이 하나 있다. 내면에서 연소가 일어난다는 것이다. 단세포 미생물에서부터 생기 있는 데이지꽃, 100톤짜리 고래에 이르기까지 모든 살아 있는 생명체는 식물조직을 연소시킬 수 있다(그렇다, 식물들도 자신의 조직을 태울 수 있다!). 인간의 몸은 식물을 잘 연소시킨다. 우리는 음식으로 섭취한 식물이나 동물(결국 식물을 먹은 동물)을 통해 얻은 당분과 단백질, 지방을 분해해 에너지를 얻는다. 달리고 걷고 말하고 생각하고 숨 쉬고 그 밖의 모든 일을 하기 위해 우리 몸에 연료를 공급하느라 이런 에너지를 사용한다.

식물 세포, 오직 식물 세포만이 그 반대로 할 수 있다.

식물이 살아가려면 최우선적으로 두 가지가 필요한데 바로 에너지와 탄소다. 식물은 태양으로부터 빛의 형태로 에너지를 얻고, 이산화탄소라 불리는 기체의 형태로 공기 중에서 탄소를 얻는다. 몸속에서 음식을 연소시킬 때, 우리는 살기 위해 에너지를 사용하고 폐 바깥으로 이산화탄소를 내뱉는다. 이렇게 생명의 역사는 본질적으로 지구의 대기를 주 무대로 삼는 성대한 축제라 볼 수 있다. 이때 에너지와 이산화탄소는 투입되고 또 배출되며 투스텝 춤을 춘다.

배 속이 식물을 연소시키는 유일한 장소는 아니다. 벽난로에서 장작이 타오를 때, 태양으로부터 모아들인 에너지는 따뜻한 열의 형태로 방출되고 이때 발생한 이산화탄소는 굴뚝을 통해 위로 올라가 밖으로 나가게 된다. 자동차 엔진 내부에서 오래전 죽은 식물들의 잔해인 화석연료를 태우면 수백만 년 전 태양으로부터 얻은 에너지가 엔진을 작동시키고 수백만 년 동안 붙잡혀 있었던 이산화탄소가 대기 중으로 배출된다.

화석연료를 캐서 태워온 지난 50년 동안 인간은 대기 중으로 엄청난 양의 이산화탄소를 배출했다. 그러지 않았더라면 이 이산화탄소는 땅속 깊이 묻힌 채로 남아 있었을 것이다. 1969년 이후, 전 세계 많은 국가가 텍사스주 면적만큼을 채우기에 충분한 석탄과 폰차트레인 호수(루이지애나에 있는, 미국에서 두 번째로 큰 염호 – 옮긴이)를 세 번 채워 넣기에 충분한 석유를 연소해왔다. 셀 수 없이 많은 기계를 돌리느라 이렇게 에너지를 사용하는 동안, 우리는 대기 중으로 1조 톤에 이르는 이산화탄소를 쏟아냈다.

이산화탄소 증가는 측정하기 어렵지 않다. 하와이에는 이산화탄소를 매일 확인하는 기후 관측소가 있는데, 데이터를 통해 증가 추이를 확인하는 것은 칠판에 적힌 내 이름을 확인하는 것만큼이나 쉽고 명확하다. 내가 아는 모든 과학자는 지난 50년 동안 가파르게 증가한 이산화탄소의 양에 깜짝 놀랐다. 하지만 각국 정부가 우리만큼 놀라지 않는다는 사실에 더 놀랐다.

내가 일하는 분야에는 이런 말이 있다. "실험실에서 보낸 6개월이 도서관에서 보내는 한 시간을 절약해준다."

식물생물학을 연구하다 보니 나는 대기 중 이산화탄소 양과 그 증가가 식물의 삶에 어떤 영향을 주는지에 관심이 많다. 우리 주위의 식물은 장식 이상이다. 식물은 음식이며 약이고 목재이기도 하다. 이 세 가지가 없으면 인간 문명은 버틸 수 없다. 화석연료가 연소되면 식물이 얻을 수 있는 탄소의 양이 늘어나므로 농업과 약학, 임업에도 영향이 있으리라고 충분히 짐작할 수 있다.

1999년에 우리 팀과 나는 네 개의 생육장을 설계했다. 라디오섁RadioShack(미국의 전자 기기 소매 체인점 – 옮긴이)과 홈디포Home Depot(가정용 건축 자재와 도구 양판점 – 옮긴이)에서 구한 재료를 이용해 플랙시글라스Plexiglas 상자로 만든 것이었다. 결과물은 잘 작동했고 꽤 우아하게 보였다. 우리는 그 생육장에서 식물들이 처리해야 하는 빛, 물, 이산화탄소의 양을 세밀하게 조정할 수 있었다. 요즘은 씨앗에서 꽃이 될 때까지 수백 종의 식물을 키우면서 몇 주 동안 몇 분 단위로 모니터링을 하기도 한다. 처음 몇 해 동안 이 생육장들이 제대로 돌아가게 만드는 데 많은 시행착오가 따랐다. 생육장을 시원하게 유지하는 것이 가장 어려운 과제였다.

내부에 이산화탄소를 많이 수용할 수 있도록 생육장을 설계했다. 식물이 자라는 동안 우리는 이산화탄소를 식물들 위로 흘려보냈고, 그러고 나선 건물의 환기 시스템을 통해 완전히 빼냈다. 우리는 생육장이 뿌옇게 안개 낀 테라리엄이 되지 않고 식물들이 실외의 농장에서 자라고 있는 것처럼 느끼는 환경을 만들어주고 싶었으므로, 공기를 순환시킬 필요가 있었다. 이산화탄소 농도를 적절한 수준으로 높인 후, 인공 태양을 켰다. 처음에는 생육장 작동 버튼을 누르고 나갔다 와서 보면 생육장 내의 온도가 한 시간 안에 섭씨 32도 이상으로 오른 것을 확인할 수 있었다. 우리 모두 놀라곤 했다. 건물 안은 18도 정도로 선선하게 유지되었기 때문이다.

생육장의 온도를 낮추기 위해 온갖 노력을 해보았다. 조도를 가능한 한 낮춰보기도 했고 밖에서 들어오는 햇빛이 영향을 주지 않도록 모든 창문을 막아보기도 했지만 아무런 도움이 되지 않았다. 조명을 다 꺼서 방이 차가워져도 생육장 안의 온도는 여전히 높았다. 이와 대조적으로 이산화탄소를 흘려보내지 않은 '통제된' 생육장은 조명을 켠 후에도 온도가 크게 올라가지 않아서 24도 정도를 유지했다.

이런 사실을 예측했어야 했다. 다른 과학자들이 1856년 비슷한 관찰을 했는데, 유니스 푸트Eunice Foote는 유리병에 이산화탄소를 많이 채우면 햇빛 아래에서 "훨씬 더 따뜻해지는" 것은 물론이고 "식히는 데에도 훨씬 더 많은 시간이 필요하다"고 설명한 바 있다. 몇 년 후 존 틴들John Tyndall은 상당히 많은 양의 이산화탄소를 채울 수 있는 근사한 구리 장치를 만들어 열을 가했다. 결국 그 역시 유니스 푸트와 동일한 결과를 얻었는데, 이 발견에 대해 학계의 인정을 받았다는 것만이 푸트와의 유일한 차이다.

간단히 말해, 이산화탄소 분자는 열을 빼앗아 흡수하는 독특한 구조를 하고 있다. 생육장 안의 공기에 이산화탄소를 조금만 더하고 햇살이 비치도록 하면 이산화탄소를 여분으로 더 주입하지 않은 경우에 비해 온도가 훨씬 더 많이 올라간다. 이런 간단한 사실은 100년 넘게 화학 교과서에 기록되어 있었지만, 6개월 동안 내 눈으로 보고 확인한 후에야 정확하게 이해할 수 있었다. 인간의 마음을 날카롭게 벼려주는 숫돌은 얼마나 천천히 돌아가는 것일까.

과학자들은 지난 시간 100년이 넘도록 정치가들에게 이런 정보를 알려, 문제를 대비하게 하려고 노력해왔다. 스웨덴의 화학자 스반테 아레니우스Svante Arrhenius는 1896년에 이미 화석연료를 태우는 일이 지구온난화를 야기할 것이라고 경고한 바 있다. 그때부터 지금까지 대기를 채우는 이산화탄소의 양은 3분의 1 정도나 늘어났다. 그렇다면 당연히 지구가 더 뜨거워지지 않겠는가?

그렇기도 하고, 그렇지 않기도 했다. 하지만 대부분의 경우에는 그랬다.

⑮

따뜻해진 날씨

격렬한 극단의 쓰라린 변화와
변화로 인한 극단의 더 격렬한 고통을 번갈아 느끼며.
– 존 밀턴(1667)

날씨에 관해 생각할 때면 언제나 바람을 생각하게 된
다. 하와이 마노아 계곡을 떠도는 향긋한 바람과 헤어드라
이어처럼 얼굴에 와서 부딪히는 네바다 사막의 바싹 마른
돌풍, 오슬로 피오르 위를 넘실거리는 상쾌한 미풍, 미니애
폴리스 공항의 슬라이딩 도어를 지나면 우리를 맞아주는
쌀쌀한 바람. 특히나 물기를 머금은 바람에 관해 생각하게
되는데 여름철 폭풍우가 칠 때 하늘을 폭발시키는 노스다
코타의 바람, 수평으로 불어오는 푸에르토리코의 강풍, 몇
시간 안에 세상을 파묻어버리는 앵커리지의 엄청난 눈보
라, 피크닉 접시에서 물기를 앗아가는 애리조나의 찌는 듯
한 바람, 창밖으로 내다보는 것만으로 관절을 시리게 만드

는 뉴질랜드의 차가운 안개 같은 바람을 떠올린다.

바람은 움직이는 공기다. 공기가 움직이는 것은 무엇인가가 밀어내거나 끌어당기기 때문이다. 폭풍우가 밀려올 때 일기예보에서 고기압 혹은 저기압에 관해 이야기하는 것을 들은 적이 있을 것이다. 공기는 기압이 높은 곳에서 낮은 곳으로 움직이는데 이때 폭풍우를 이동시키는 바람을 만들어낸다. 바람의 움직임을 가능케 하는 에너지원은 대부분의 다른 에너지원과 같다. 바로 태양이다.

바람도 없고 날씨 변화도 없는 행성이 되려면 어떻게 해야 할까? 다른 무엇보다 우선적으로 태양의 스위치를 끌 필요가 있다. 태양은 극지방보다 적도 부위를 직접적으로 비추고, 물과 바위와 눈을 데우는 방법이 각기 다르기 때문에 지구 표면의 온도는 곳곳에 따라 다르다. 태양이 대기를 위쪽에서 따뜻하게 데워주고 지구 표면은 아래서부터 데워지다 보니 중간에서 만들어진 차가운 공기 주머니가 아래로 가라앉아 위로 올라오는 따뜻한 공기를 대체해버린다. 움직이는 모든 공기 덩어리는 다른 공기 덩어리를 밀어내는데 지구 한쪽에서 시작된 한 마리 나비의 날갯짓이 1,500킬로미터 떨어진 나무 꼭대기 사이로 부는 바람을 만들어내는 것과 마찬가지다. 햇빛은 대양에서 수분이 증발해 하늘로 올라갔다가 비와 눈의 형태로 내려올 수 있도록 돕는다. 이런 모든 이유로 날씨를 없애려면 태양을 없애는 것이 첫 번째 단계일 것이다.

일단 태양을 꺼뜨리고 나면 지구의 회전을 멈출 필요가 있다. 지구의 끊임없는 회전은 바람을 잡아당김으로써 사하라 사막의 습기를 끌어올려 브라질의 열대우림에 비가 쏟아지게 하기 때문이다. 마지막 단계로, 지구가 내부에서부터 서서히 식어 용융 상태로 방사능을 내뿜는 지구 핵의 마지막 열기가 사라질 때까지 수십억 년을 기다려야 한다. 고대의 화산 분출은 바로 그 열기 때문에 일어났다. 새벽 없는 날이 찾아온 다음, 우리가 가장 사랑하는 별이 깜박거리는 빛을 잃은 후, 차갑게 식고 고요하고 어두운 상태로 잠에서 깨어난 행성에는 바람도 불지 않고 날씨도 존재하지 않을 것이다.

날씨를 만들어내는 기본적인 에너지원은 태양이기 때문에, 그리고 햇빛을 잘 흡수하는 이산화탄소 분자의 널리 알려진 능력 때문에, 이산화탄소 농도가 높아지면 지구가 더워진다는 합리적인 이해에 '온실효과'라는 이름이 붙었는데, 이 때문에 지구가 이상할 정도로 특이하게, 또 인공적으로 데워지는 것 같은 느낌을 갖게 된다.

나에게 이런 이야기를 들어서 놀랄 수도 있겠지만, 온실효과라는 개념이 얼마나 납득하기 어려운 것인지, 적어도 얼마나 불길한 것인지 나는 충분히 이해하고 있다.

폐점 시간 후 버스 정류장에서 덜덜 떨어본 적이 있고, 얇은 스타킹을 신은 날 구덩이에 빠진 오래된 포드 자동차를 밀어본 경험이 있으며, 도망친 말을 찾아 미경작지를 몇 시간이나 걸어서 돌아다닌 적이 있고, 영하의 날씨 속에서 이 모든 것을 해본 적 있는, **춥게** 자란 우리 같은 사람들은 1도쯤 따뜻해지는 것이 그렇게나 심각한 문제인지 믿기 힘들고, 기후변화에 관한 정부 간 협의체IPCC 역시 이 도전에 관해 머리를 모아 고민하는 것 같지 않다.

어린 시절의 추운 날씨를 과장한다는 비난을 너무 많이 받다 보니 나는 요즘 초등학교에 입학한 1975년의 미국 기상청 기록을 출력해서 가지고 다닌다. 1975년은 1월 9일 시작된 눈보라가 나흘이나 이어져 '금세기 최악의 폭풍'으로 기록된 바로 그해였다. 그 끔찍한 폭풍 기간 동안, 1년치 강설량이 일주일 만에 쏟아졌다. 내 인생에서 스케이팅과 썰매 타기, 눈사람 만들기의 기본 실력을 닦은 1977년에서 1979년은, 48개 주를 통틀어 20세기에 겨울이 가장 추웠던 3년으로 기록되어 있다.

그러니, 내 말이 맞다. 그때는 추웠고, 춥다는 사실을 모두 알고 있었으며, 추위에 단련되어 있었지만 추위를 좋아하지 않았고, 특히나 장갑이 젖었을 때는 정말이지 끔찍했다. 하지만 적어도 너에게는 장갑이라도 있지 않았냐고 어머니는 늘 상기시킨다. 그때만큼이나 추웠던 1936년 겨울, 어머니에게는 장갑이 없었고 그 추위 때문에 당신의 코가 내 코처럼 뾰족하지 않고 살짝 들린 거라고 말씀하시곤 한다.

미네소타도 다른 중서부 지역과 마찬가지로, 내가 어렸을 때 이후로 기후가 훨씬 더 온화해져서 예전에는 눈으로 내렸던 것이 지금은 비로 내린다. 땅 위에 눈이 쌓여 있는 시기는 1972년보다 2주가량 짧아졌다. 슈피리어호를 덮는 얼음은 1905년보다 3주나 빨리 녹아버린다. 얼음이 너무 얇게 언다거나 하는 여러 가지 이유로 내 고향 아이들은 더 이상 연못에서 스케이트를 타지 않으며, 내가 아이였을 때에 비해 돼지풀 꽃가루 때문에 재채기를 하는 날은 15일 정도 더 길어졌다. 세월이 흐르며 세상이 어떻게 바뀌었는지를 확실하게 이해하는 데에 어린 시절의 기억을 되살려보는 것만큼 좋은 방법은 없다.

여기에 더해, 이산화탄소 농도 상승의 효과는 '온실'이라는 단어가 연상시키는 것처럼 간단하고 일정하지는 않다. 이산화탄소가 적외선을 흡수하면서, 뜨거운 공기 주머니는 더욱 뜨거워진다. 이로 인해 따듯한 공기와 차가운 공기 사이의 대비가 더욱 커져서 대양의 수분 증발을 촉진시키는데, 공기 중으로 올라간 습기는 결국 다른 어떤 곳에서 다시 지상으로 내려와야 한다. 그렇기에 과학자들은 1980년대 이후 대규모 태풍의 빈도와 강도가 높아질 것이라고 예측해왔다. 지구온난화로 인해 날씨나 자연 활동이 갈수록 이상스러워지는 '글로벌 위어딩Global Weirding'은 이해할 만한 일이다. 이 글을 쓰는 지금, 오슬로는 얼어붙을 것 같은 영하 15도인데 3,000킬로미터 더 북쪽에 자리한 그린란드 북부는 서늘한 6도 정도이다. 지난 20년간 발생한 거대한 허리케인, 혹독한 눈보라, 세상을 흠뻑 적시는 폭우, 미친 듯 살을 에는 추위, 무자비한 가뭄은 우리 대기에 갇혀버린 여분의 에너지가 일반적인 기후 체계와 충돌해 이를 극도로 격앙된 상태로 몰고 가 악화시켰기 때문이라고 의심할 만한 충분한 이유가 있다.

화석연료를 태우는 과정에서 대기로 배출된 이산화탄소가 태양 에너지를 더 많이 흡수했던 지난 두 세기 내내 전체 기온은 상승할 수밖에 없었다. 그렇지 않겠는가? 당연히 그럴 수밖에 없었고, 사실이 그랬다. 지구 표면의 평균 온도는 지난 100년 동안 화씨 1.5도 이상 증가했다(섭씨 1도에 약간 못 미친다).

이 수치가 얼마나 명확한지 아무리 강조해도 지나침이 없다. 온도 상승을 측정하는 도구인 온도계는 아주 간단한 장치다. 300년 전 발명되고 나서 바로 완벽하게 완성되었다. 기온을 재는 기상 관측소는 곳곳에, 심지어 세상에서 가장 외진 곳에도 존재하며 그 데이터는 수 세기 동안 성실한 농부, 우편국장, 수녀, 시민, 과학자에 의해 아주 구체적으로 수집, 기록되었다. 지난 30년 동안 기온이 화씨 1도 넘게 오른 최근의 온난화 경향은 과학자들이 논쟁을 벌일 만한 대상이 아니다. 내 말을 믿어주기를. 과학자들이라면 거의 모든 것에 관해서 논쟁을 벌이는 사람이지만 말이다.

2005년에서 2016년에 이르는 10년 동안은 기록상 온도계 발명 이후 가장 더웠던 10년이라 볼 수 있는데, 100년간 계속되어온 기온 상승에 있어서도 최고점에 자리한다. **누군가 뭐라도 좀 해야 해**, 하고 지금 바로 혼잣말을 중얼거리게 될 것이다.

유엔은 20년 넘게 기후변화를 알리려고 노력했고, 전 세계 여러 나라가 이 일에 열성적으로 참여했다. 기후변화에 관한 유엔 기본 협약UNFCCC의 제1차 당사국총회는 1995년에 열렸는데 미국, 브라질, 인도, 러시아, 사우디아라비아 등 주요 국가를 포함해 150개국이 넘게 참여했다. 이 나라들은 1992년 유엔 기후변화에 관한 정부 간 협의체 IPCC 보고서를 마음대로 활용했는데, 지금은 여섯 가지로 구분되는 기후변화 '시나리오'를 설명한 문서로 널리 알려진 보고서이다. 이 시나리오에는 2100년까지 지구온난화 범위가 1.5도에서 4.5도에 이를 때 벌어질 상황에 대한 예측이 담겨 있다. UNFCCC의 목적은 구속력을 갖춘 계약 아래, 에너지 사용에 관한 광범위한 변화를 제안하고 전 세계 국가들의 동의를 얻는 것이었다.

3년 후 UNFCCC는 선진국과 개발도상국이 이산화탄소 배출량을 1990년 수준으로 줄이기로 합의하는 교토의정서에 서명을 받았다. 미국은 이 의정서에 서명했지만 비준하지는 않았고, 캐나다는 감축이 이루어지지 않을 것이 확실해지자 탈퇴해버렸다. 유럽연합과 러시아는 서명한 후에 이산화탄소 배출량이 오히려 늘었다. 서명은 했지만 감축을 위한 목표를 정확히 밝히지 않았던 중국, 인도, 인도네시아, 브라질, 일본과 몇몇 나라에서도 배출량이 늘어났다. 모두가 기본적으로는 동의했으되 그 후로는 완전히 망쳐버렸으니 대단하다고 하지 않을 수 없다.

17년 뒤, 네 차례의 추가적인 보고서가 발간된 후 2015년, UNFCCC는 가능한 어떤 수단을 사용하더라도 기온 상승을 2도 내로 제한하는 일에 도움을 요청하기 위해 파리협정을 채택했다. 파리협정에 서명한 모든 나라가 이산화탄소 배출 감소를 위해 청정 기술 개발, 나무 심기, 화석연료 관련 긴축 등 스스로 계획을 세워 진행할 수 있도록 하는 내용이었다. 하지만 결과는 이전 시도와 마찬가지였다. 175개국이 서명했지만 전 세계 이산화탄소 배출량은 늘어났고, 2016년은 역사상 가장 더운 해가 되어버렸다.

그럼에도 불구하고, 세계는 이런 있으나 마나 한 협정에 충실해 보이는 데 엄청난 상징적인 의미를 둔다. 미국은 파리협정 조건을 준수하지 않을 것이라는 도널드 트럼프의 발표는 엘리자베스 여왕이 세상을 떠나도 내가 영국을 통치하지 않겠다고 선언하는 것이나 마찬가지인데, 전 세계 미디어는 아직도 그 발표를 뉴스로 다룬다.

문제는 국제적인 합의라는 방식을 통해 문화적인 목표를 강하게 부과할 방법이 없다는 것이다. 지금까지 각국은 화석연료를 확보하기 위해 전쟁을 벌였지 화석연료를 얻지 않으려고 전쟁을 벌이지는 않았다. 화석연료라는 요정을 다시 마법의 호리병에 가두어 넣거나 적어도 그렇게 하려고 시도한다고 해서 단기적인 경제적 인센티브는 없다. 재정적인 사이클은 생물지구화학적인 사이클보다 더 빠르게 돌아가며, 절제를 강조해서는 산업적 이윤을 만들어낼 수 없다. **풍요**의 궤적을 고려할 때, 나는 기후변화에 관한 정부 간 협의체가 예상한 최악의 시나리오가 현실로 나타나는 것을 피할 수 없을 거라는 슬픈 결론을 내리게 된다.

평균적인 지구 온도 상승을 '섭씨 2도보다 훨씬 낮게 well below'(파리협정에서 그대로 따온 표현이다) 유지하기 위한 권고 사항들을 들어보았을 것이다. 과학자들은 진지한 데이터 연구 결과에 근거해 폭염, 가뭄, 해수면 상승, 해양 산성화, 흉작 등 2도 기온 상승이 가져오는 모든 종류의 재앙을 예견했는데 이런 예측은 맞을 수도 있고 동시에 틀릴 수도 있다. 그럼에도 불구하고 이런 재앙의 공포는 놀라울 정도인데, 새로운 연구 결과가 발표되면서 예상은 더욱 비관적이 되고 있다.

이런 두려움에 대해 우리는 **더욱** 두려워하는 것으로 응답하고 있지만, 정작 실재하는 문제에 대해서는 우리가 충분히 두려워하지 않는다는 것이 당황스러운 점이다. "사람들은 기후변화에 대해 두려움을 느껴야 한다"와 "공포의 시간…… 어쩌면 두려움만이 우리를 구원할 것이다"라고 비명을 지르는 오늘날의 헤드라인은, 프랭클린 루스벨트

대통령의 첫 번째 취임 연설(대공황을 맞아 "우리가 두려워해야 하는 것은 두려움 그 자체"라고 했던 연설 - 옮긴이)의 거울 우주 버전(우리 우주와 완전 대칭되고 시간이 거꾸로 가는 우주 - 옮긴이)처럼 보인다.

　　나는 그저 과학을 하는 여성이지만, 대중이 두려움을 느끼도록 만들려면 대중에게 두려움을 주어야 한다는 사실이 나를 두렵게 만든다. 역사를 통해 알 수 있듯이 두려움이 좋은 결정을 내리게 해주지는 않으며 적어도 가끔은, 두려움을 느끼는 사람들은 아무것도 하지 않는 경향이 있다. 여기 좋은 예가 있다. 내가 어린아이였던 1980년대에, 나는 핵전쟁 때문에 공포를 느꼈다. 내 주위 어른들이 서로를(그리하여 나까지) 두렵게 만드는 모습이 나까지 불안하게 만들었다. 우리의 두려움은 정당화될 수 있을까? 그렇다. 두려움이 해결책을 찾아줄 수 있을까? 꼭 그렇지는 않다. 40년이 지난 지금, 과거 히로시마에 투하된 폭탄은 오늘날의 열핵폭탄에 불을 댕기는 성냥개비로 사용되지 않았던가. 어린 시절 내 잠을 설치게 했지만 이제 핵으로 인한 파괴의 능력은 더 적은 나라가 아닌 더 많은 나라의 손에 의해, 줄기는커녕 더 커졌다.

　　섭씨 2도를 한계로 삼는 것은 1970년대 과학자들이 물었던 질문에서 파생됐음을 기억해야 한다. 이산화탄소 배출량이 두 배가 되면 세상은 얼마나 더워질까? 그때 과학자들이 내놓은 대답이 2도였다. 이 결과에 자극받은 다른 과학자들이 온도가 2도 오를 때 날씨와 농업, 사회에 어떤 영향을 미치는지 연구했는데, 각 분야에 엄청난 타격을 준다는 결론을 내렸다. 이런 재난을 피하려면 과학자들이 연구를 통해 위험 수준이라고 이른 지점에 도달하기 전에 온난화를 멈출 필요가 있다. 그러므로 섭씨 2도까지 상승하기 전에 온난화를 막아야 한다는 수많은 국제적 보도와 온라인 기사는 타당하다.

이는 **최종적인** 한계를 의미하기도 한다. 산업혁명 이후 **총체적인** 온난화는 2도 이하여야 할 것이라는 권고가 있었다. 이 장 앞부분에서 산업혁명 이후 평균적인 지구 표면 온도가 섭씨 1도 조금 못 되게 상승했다고 이야기한 바 있다. 이 말은 지금 이 순간, 1970년대 과학자들이 처음 예견한 파국의 영역에 도달하는 데 1도보다 조금 더 남았다는 뜻이기도 하다.

나의 목적은 사람들에게 이런 내용을 알리는 것이지, 사람들을 그저 두렵게 만드는 것이 아니다. 학생들을 가르치며 이해하는 것과 두려워하는 것의 차이를 알게 되었고 그것을 존중하게 되었기 때문이다. 두려움은 문제를 외면하게 만들고, 정보는 문제에 관심을 갖게 한다. 이런 점을 고려해 논리적으로 생각해보건대 우리가 겪었던 것 이상의 온난화와 대변동을 피하려면, 교토의정서와 파리협정에서 요구된 점진적인 변화에 그치지 않고, 에너지 사용에 대한 접근을 **전환적으로** 할 필요가 있다. 에너지가 무엇을 위

한 것인지에 대한 우리의 집단적 이해를 변화시킨 후, 에너지를 어떻게 **사용할** 것인지에 대한 개인의(결국에는 집단의) 실행을 변화시킬 필요가 있다.

과학자로서 나는 적절한 대답을 갖고 있어야 하지만, 내가 아는 다른 모든 사람과 마찬가지로 나 역시 진정한 전환이 어떤 것인지 상상조차 하지 못한다. 내가 하는 거의 모든 행위에는 에너지가 사용된다. 그 에너지의 거의 대부분은 화석연료에서 나온다. 나는 그렇게 살고 있는 10억 명 중 한 명이다. 나는 그렇게 살고 싶은 70억 명 중 한 사람이다.

'풍요의 이야기'가 모든 사람의 이야기가 된다면, 다시 말해 지구상 모든 사람이 미국인의 라이프스타일을 택한다면, 전 세계 이산화탄소 배출량은 현재의 네 배 이상이 될 것이다. 이산화탄소가 대양에 얼마나 녹아들었는지 정확하지는 않지만(그래서 얼마나 많은 피해를 입힐지 정확하지는 않지만), 1970년대 과학자들이 알아냈듯이 2200년까지 대기 중 이산화탄소 함량이 지금보다 두 배 가까이 증가하지 않으리라고 상상하긴 어렵다. 이산화탄소의 증가와 함께 최소 2도의 기온 상승도 따라올 것이고, 그에 따라 대격변이 일어날 것이다.

두려움에 떨 시간도 포기할 시간도 아니고, 이 문제를 심각하게 받아들여야 할 시간이다.

2200년은 그리 멀지 않고, 지금부터 고작 2세기도 남지 않았다. 우리가 석탄을 캐내 태워 증기 엔진을 사용하기 시작한 때가, 이 모든 문제가 시작된 때가 바로 지금부터 2세기 전이다. 지금부터 200년 전과 지금부터 200년 후, 그 시작부터 끝까지, 아마도 **우리**의 끝이 될 그때까지의 시간 400년.

　운명은 당신과 나를 환경 역사의 갈림길에 두었다.

　2200년은 우리 고손자 그다음 세대가 살아가는 시대일 것이다. 이는 인류가 문명보다 더 오래 살아남는 방법을 알아내려면 3세대밖에 남지 않았다는 의미다.

　해야 할 이야기가 많고 그 대부분은 지구온난화와 '글로벌 위어딩' 개념보다 훨씬 더 간단하지만, 위험성은 그만큼 높다. 만약 미리 알고 싶다면, 2월 중에 캐나다 사람에게 전화를 해서 지구가 따뜻해지면 어떤 일이 일어날지 물어보면 된다. 아마 허리케인과 산불과 폭우와 찌는 듯한 폭염이 늘어났다고는 이야기하지 않을 것이다. 흉작이나 말라리아 감염이 가져올 결과에 대해서도 이야기하지 않을 것이다. 계절과 위치를 고려할 때, 캐나다 사람들이라면 기온이 올라 주위에서 볼 수 있던 얼음이 녹아내리는 것을 목격할 가능성이 높다.

⑯
녹아내리는 빙하

우리에게 좋은 친구가 되어주었던 유빙은
그 여정의 끝에 이르러서는 산산조각이 나
깊이를 헤아릴 수 없는 바닷속으로
우리를 끌고 들어갈 듯했다.
- 어니스트 섀클턴(1915)

여섯 살 때 잠깐, 얼음 조각을 가장 친한 친구로 삼은 적이 있다. 단단하고 두툼한 얼음덩어리는 벽돌 두 개만 한 크기였다. 이 얼음덩어리에 나는 '커빙턴'이라는 이름을 붙여주었다.

미네소타주에서 겨울은 매년 11월이면 문 앞에 나타나는 궁핍한 삼촌과 비슷하다. 초기에 그의 존재감은 모든 것을 유쾌하게 만들어주곤 한다. 우리를 밖으로 데리고 나가 썰매로 언덕을 내려오거나 얼음 위에서 한 발로 빙빙 도는 것이 얼마나 근사한 일인지 깨닫게 해준다. 그러다 1월이 되면 삼촌은 어머니를 전혀 좋아하지 않는 고모할머니로 모습을 바꾸어버린다. **차가워지고**, 지난해의 모든 기억을 꽁꽁 얼어붙게 만든다. 크리스마스 지나서 학교가 다시 문을 열 때쯤이면, 눈이 딱딱하게 얼어붙어 길에서 보이는 것이라고는 두 눈 더미 사이에 난 바퀴 자국밖에 없었다.

1970년대에 아이들은 걸어서 유치원에 다녔는데, 내 유치원은 그리 멀지 않은 곳에 있었다. 길을 걸어가며 어떤 금을 밟고 어떤 금을 밟지 않을지 스스로 선택하는 동안 난생처음 짜릿한 독립의 기분을 느꼈다. 1976년 무렵의 나에게는 살짝 녹은 얼음덩이를 차면서 걷는 습관이 있어서, 몇 발 정도 가다가 눈앞에 보이는 것을 냅다 걸어차곤 했다. 깡통 차기의 꽁꽁 언 북부 스타일이라고나 할까. 하루는 별로 내키지 않는 걸음으로 학교 운동장에 도착했는데 차고 다니기에 딱 좋은 얼음을 발견했다. 무게나 모양이 내 생각과 딱 맞아떨어졌다. 수업 종이 울렸고, 나는 그 얼음덩이를 소화전 근처 눈 더미 속에 잘 감춰뒀다가 수업이 끝난 후 그걸 꺼내 차면서 집으로 향했다. 집에 도착해서는 다음 날을 위해 뒷문 근처에 놓아두었다. 다음 날 아침에 일어나서 같은 일을 반복했고, 그렇게 커빙턴이 태어났다.

지구의 물은 염수와 담수로 나뉘는데 똑같은 비율로 존재하는 것은 아니다. 만일 지구상의 모든 물을 모아 양동이 하나에 들어갈 양으로 만든다면, 그 양동이는 소금기 가득한 바닷물 4리터 정도로 찰랑찰랑할 것이다. 담수는 이에 비해 세 스푼 정도에 지나지 않는다. 이 세 스푼 중 두 스푼은 얼음으로 얼어 있다.

15장에서 이야기한 지구온난화 때문에 세상의 얼음이 녹고 있다. 인공위성의 작동을 통해 지켜보고 있기에, 일상에서 놀다가도 이런 일을 목격할 수 있기에, 휴가 중 망원경을 통해서도 살펴볼 수 있기에 과학자들은 이 사실을 확신한다.

요즘 캐나다에서는 영하로 내려가는 날이 충분치 않아 웬만한 규모의 어린이 하키 리그 시즌을 운영할 수 없다. 그러다 보니 소년, 소녀들도 더 이상 동네 연못에서 하키를 즐기지 않는다. 같은 이유로 네덜란드의 아이스스케이트 마라톤은 20년째 열리지 못하고 있다. 너무 짧은 시기에 너무 얇게 어는 얼음 때문에 전 세계적으로 지금 세대는 이전 세대가 소중하게 여겼던 경험을 이어받지 못한 채 어른이 되어가고 있다.

가장 재능 있는 젊은 선수들은 냉난방이 가능한 시설을 오가며 커다란 경기장을 누빌 날을 꿈꾼다. 이런 선수들 중 몇몇은 언젠가 동계올림픽에도 나갈 텐데, 아마 그 모든 경기는 실내경기장에서 진행될 듯하다. 1926년 이래 스물세 곳에서 동계올림픽이 열렸는데 그중 절반 가까운 도시에서는 이제 더 이상 스키와 스케이트, 스노보드 경기를 진행할 수 없다. 내가 살고 있는 노르웨이의 오슬로도 그런 도시에 포함되는데, 1952년 올림픽 봅슬레이 경기는 지금 내 방 북쪽 창 바깥의 야외에서 열렸었다.

우리 같은 아마추어 스키 팬에게는 선택지가 더 빨리 없어지고 있다. 1930년 이후 미국 몬태나주, 유타주, 캘리포니아주 빙원氷原의 4분의 1이 녹아버렸다. 콜로라도주는 더욱 심각하다. 지역에 따라서는 80퍼센트 이상의 빙원이 녹아 사라졌다. 미국은 손자 세대가 눈에서 놀 수 있도록 실내 스키 리조트를 세우고 있는 (그리고 그 결과 엄청난 에너지 비용을 치러야 하는) 독일과 핀란드, 노르웨이의 발자취를 따르게 될 것이다.

몬태나주 북서부 글레이셔 국립공원의 조각 얼음은 1910년 개장 이래 찾아오는 관광객들을 황홀하게 만들었는데, 만일 보러 가고 싶다면 절대 날을 미루지 말라는 내 조언을 받아들이기 바란다. 가족들도 모두 데리고 보러 가야 한다. 이 국립공원의 빙하는 우리 아이들 세대가 지나기 전에 사라질 것이기 때문이다. 몇 개만 추가로 말하자면 스위스, 알래스카, 뉴질랜드, 탄자니아, 노르웨이의 산등성이에 자리한 위풍당당한 빙하도 놀라운 속도로 녹아내리고 있다. 지구의 빙하는 1970년대 이후 점차 녹기 시작했고, 이런 추세는 최근 10년 동안 더욱 가속화되었다. 로키산맥의 빙하들은 전체적으로 내가 태어난 이후 녹아서 절반으로 줄어들었고, 다른 곳의 빙하 역시 사라져버렸다. 빙하가 함께하는 아름다운 경치는 영원히 사라져 더 이상 사진에 찍힐 수도 없게 되었다.

북극 하면 북극곰과 산타클로스를 떠올릴 텐데, 그중

하나는 분명 북극에 살고 있다. 그런데 북극해에 떠 있는 얼음덩이에 대해서는 잘 생각하지 않는다. 북극의 바다 얼음은 육지에서 만들어진 얼음과는 태생이 달라서, 햇빛이 비치는 여름에는 녹아 줄어들었다가 춥고 어두운 겨울에는 내리는 눈과 함께 다시 얼곤 한다. 이처럼 따뜻한 계절에는 녹았다 추운 계절이 되면 다시 커지는 얼음의 패턴이 수천 년 동안 북극을 균형 상태로 유지시켜주었다. 하지만 지난 반세기 동안 이 모든 것이 변해버렸다.

북극의 해빙기는 6월 초부터 시작되는데, 다시 얼음이 얼기 시작하는 날짜는 기온이 오르면서 점점 더 늦어지고 있다. 1970년대 해빙기는 9월이면 끝났지만 지금은 10월이 되어도 끝나지 않는다. 이렇게 해빙기가 길어지다 보니 얼음이 어는 기간은 그만큼 짧아진다. 북극해를 덮고 있는 바다 얼음은 급속도로 얇아지고 모서리가 부서져 내리고 있는데, 밟고 몸을 지탱할 곳이 필수적인 북극곰들에게는 무엇보다 나쁜 소식이다.

지구상의 얼음 대부분은 북극과 남극에 위치한다. 이곳에선 길고 어두운 겨울이 매년 내리는 눈을 잘 보존해 꽝꽝 얼려서 기존의 단단하고 차가운 얼음과 합체해준다. 이런 극지방 덕분에 우주에서 지구를 보면 표면의 10퍼센트가 흰색으로 나타난다. 지구온난화가 가속화한다면, 이 흰색 패치가 점점 줄어들다가 마침내 사라지는 것을 인공위성에서 관찰할 수 있을 것이다.

얼음은 기온이 섭씨 0도 이상으로 올라가면 녹게 되어 있다. 어려서 가장 먼저 해보는 과학 실험 중 하나가 바로 이것일 듯싶다. 당신 역시 아기 때 엄마의 물컵을 보며 그 안에서 반짝이는 사각형 물체를 궁금해했을 것이다. 엄마가 얼음 몇 개를 꺼내 당신의 작은 손에 쥐여주면 그 유리 같은 고체와 그것이 녹아가며 남기는 물기에 매혹당한 경험이 있을 것이다.

1976년 봄이 오면서 커빙턴과 작별을 하게 되었다. 여섯 살 내가 어느 4월 아침 커빙턴이 작은 물웅덩이로 변해버린 것을 발견하고는 펑펑 울어 흘러내린 눈물이 그 변화물의 잔해에 더해지는, 어린이책에 소개하고 싶은 강렬한 장면을 생각할지도 모르겠다. 하지만 현실은 그렇지 않았다. 겨울이 물러가고 늘 그렇듯 온 세상이 따뜻해졌다. 얼음이 모두 녹았고, 노동절인 5월 1일이 되자 나는 제니퍼라는 이름의 살아 있는 진짜 친구를 갖게 되었다. 솔직히 말해, 나는 커빙턴이 사라졌을 때 슬펐는지조차 기억하지 못한다. 물의 순환 체계를 공부하기 훨씬 전에 모든 얼음이 녹으면 가는 곳, 환영의 팔을 활짝 내민 그 광대한 대양의 품으로 커빙턴도 향했을 것임을 본능적으로 이미 알았는지도 모른다.

높아지는 수위

변화의 물결이 다가오고 있다는 사실을
인정하기를.
– 밥 딜런(1964)

충직한 개보다 더 고귀한 존재가 이 세상에 있다고
하지만, 나는 아직 그런 존재를 만나지 못했다. 모든 개는
각 종마다 나름의 매력을 지니고 있겠지만, 나는 체사피크
베이 레트리버에 대한 편애를 감추지 않는다. 덩치가 크고
갈색인 이 개는 듬직하기 짝이 없다. 지난 30년 동안 이 견
종 몇 마리와 함께 살았고, 그 녀석들 모두가 나이가 들어
가며 노화에 어떻게 당당하게 맞서는지를 목격하는 행운
을 누렸다.

가장 최근에 함께 지낸 체사피크 베이 레트리버인 코
코가 긴 세월이 흐르는 동안 입은 신장 손상으로 깊은 잠
에 빠지게 되었다. 어느 화요일 오전 나와 남편, 아들은 동

물병원에 둘러앉았다. 나는 무릎에 코코를 눕히고 녀석이 얼마나 멋진 개였으며 우리 가족이 얼마나 사랑했는지 이야기해주었다. 코코의 호흡이 느려지다 마침내 멈추었을 때, 코코의 심장박동이 내 심장박동에 비해 서서히 잦아드는 것이 느껴졌을 때, 코코가 이런 방식으로 세상을 떠날 것이라는 생각을 해본 적이 없음을 깨달았다.

체사피크 베이 레트리버는 수영을 즐겨한다. 대서양의 거친 파도를 헤치고 오리를 물어 오는 견종이기 때문이다. 코코는 그야말로 극단적인 사례라 할 수 있었다. 우리 가족이 하와이에서 살 때 나는 언제나 코코넛을 가지고 다녔다. 코코가 바다에 떠 있는 커다란 붉은 부표 중 하나를 가져오려고 고개를 돌려 늘 살피곤 했기 때문이다. 일단 코코가 바다로 뛰어들기로 결심하면 위로가 될 상당한 크기의 무언가를 바다로 던져 코코의 주의를 끌고 사냥감 회수 모드를 작동시켜야 했는데, 크고 푹석하게 상한 코코넛은 그런 속임수를 쓸 때 아주 적당했다.

바람이 불어오는 방향에 자리 잡은 카일루아Kailua 해변에서 코코의 이런 행동은 유난히 두드러졌다. 해변에 잠시 멈추어 밀려오는 파도 너머로 멀리 펼쳐진 대양을 바라보며 완전히 매혹당한 모습을 하곤 했다. 30초 후, 코코는 심장이 터질 듯이 달려 나가서 2미터가 넘는 파도를 넘으려고 분투하다가 마침내 그 파도를 올라타고 바다 건너 캘리포니아 해변을 향하듯 헤엄쳤다. 한번은 코코넛 속임수

가 잘 먹히지 않았고, 공황 상태에 빠진 나는 코코를 뒤쫓
아 자유형으로 헤엄쳐 갔고 수면 아래의 역류가 우리 둘을
죽음으로 이끌고 가기 전에 코코의 머리를 잡아 다시 해안
으로 돌아왔다. 지쳐서 온몸을 덜덜 떨며 비틀거리며 해변
으로 올라온 우리는 둘 다 바닷물을 뱉어냈는데, 나는 위험
하기 그지없는 코코의 무모함에도 불구하고, 그 무모함 이
상으로 코코를 사랑한다는 사실을 인정해야 했다.

　　그 후 몇 년이 흘러 오래된 코코넛을 놓고 벌이는 사
소한 실랑이는 코코넛을 던지는 여자에 대한 사랑과 결합
되어 코코를 다시 육지로 돌아오도록 이끄는 충분한 이유
가 되었다. 코코는 이제 세상에 없지만, 나는 점점 더 멀리
헤엄쳐 나아가 수평선 너머 작은 점이 되어 사라져버리는
코코를 해변에 홀로 서서 지켜보는 꿈을 꾼다.

　　친구들과 이야기를 나눠보고 지도를 본 후, 나는 코코
가 카일루아만 끝 쪽 바다 깊이 고정된 채 까딱거리며 움
직이는 웨이브라이더Waverider 부표를 물어 오려 했다는 사
실을 믿게 되었다. 인간의 부족한 감각으로는 요가볼 크기
의 그 금속 구형체를 볼 수 없었지만, 코코는 그 냄새를 맡
았거나 거기에 부딪히는 파도 소리를 들을 수 있었거나 아
니면 그저 거기에 부표가 있음을 알고 있었을 것이다. 이
놀라운 도구에 코코가 마음을 빼앗긴 것은 당연한 일이다.
가속도계와 레이더, 위성항법 장치를 갖춘 웨이브라이더는
파도의 높이, 물매, 후퇴 등을 계속적으로 정확히 측정해

서퍼와 선원에게 가치 있는 정보를 전하기 위해 만들어졌는데, 체사피크 래브라도를 끌어당기는 자석 역할도 한 것이다.

전 세계 바다에 물방울처럼 흩어져 있는 수백 종의 비슷한 최첨단 센서들은 지구 중심으로부터 정확하게 얼마만큼의 거리에 떠 있는지를 의미하는 '수직 변위'를 포함해 대양의 각종 자산들을 광범위하게 추적하고 매일 여러 차례 조사한다. 또 수많은 인공위성이 해수면의 아주 작은 변화라도 기록하기 위해 대양 표면을 계속해서 지켜보고 있다. 이런 기계들을 설치하느라 '조위 관측소'가 많이 들어섰는데, 기본적으로 바다 위에 떠 있는 오두막이라 할 수 있는 이런 관측소는 대부분 주위 바닷물의 높이가 기록된 띠 기록지에 부착된 수위 측정자를 갖추고 부두 끝자락에 자리한다.

조수를 예측하는 고대의 기술로부터 발전해 이런 측정을 해온 지 100년이 넘은 1880년대 이후, 해수면은 17센티미터 이상 높아졌다. 이런 상승의 절반 이상은 내가 태어난 1969년 이후 진행된 것으로, 해수면이 상승했을 뿐 아니라 상승 속도도 빨라진 것이다.

바다에 떠 있는 수천 가지의 간단한 도구들이 오랫동안 해수면 상승이 계속되었음을 명확하게 보여주고 있긴 하지만 이것이 우리 예상처럼 모두 비슷한 과정을 거친 것은 아니다. 파도가 솟구쳐 올랐다 내려가고 땅이 융기와 침

강을 거듭하기에 대양과 육지는 늘 역동적인데, 미국의 텍사스만 같은 경우 1960년 이후 20센티미터나 해수면이 높아졌다. 여기 오슬로에서는 육지가 인접한 바다보다 훨씬 빠르게 상승하고 있다. 빙하가 녹으면 그 무게만큼 눌려 있던 육지가 솟아오르는데, 이로 인해 오슬로 피오르의 수위는 실질적으로 1960년 이후 10센티미터가 내려갔다고 볼 수 있다.

지난 50년 동안 일어난 전 세계 해수면 상승의 절반 정도는 빙하가 녹아 그만큼이 바다에 더해졌기 때문이다. 나머지 절반의 해수면 상승은 대양 표면의 온도가 높아져서 일어난다. 바다는 온실효과로 인해 발생한 대부분의 열을 흡수하는데, 이렇게 온도가 올라가며 바닷물도 팽창한다. 바다 표면의 평균 온도는 지난 50년간 화씨 1도 이상 높아졌다. 더 따뜻해진 바다가 불어나며 전 세계 해수면은 7센티미터 이상 높아졌다.

바닷물이 이렇게 따뜻해지자 바다 생명체들 역시 어리둥절해하고 있다. 북미 해안에서 좀 떨어진 바다에 사는 일반적인 물고기들은 북쪽으로 약 60킬로미터를 이동해 더 차가운 바닷물을 찾아 10미터 더 깊은 곳으로 향한다. 물론 이런 상황은 어업을 변화시켰다. 바닷가재들은 1970년 이후 북쪽으로 평균 160킬로미터 더 이동했기에, 그 무리를 잡으려는 어선들도 따라갈 수밖에 없었다.

해수면 상승은 육지 생물들에게도 영향을 끼치는데,

어떤 문제는 명확하게 목격되었고 또 어떤 것은 그렇지 않다. 해수면이 높아지면 육지가 바닷속으로 사라지게 된다. 사람들이 도시와 호텔과 주택과 공장과 창고를 짓고 사는 기반인 마른 땅이 침수되다가 물속으로 사라지는 것이다. 1996년 이후, 미국 동부 해안에서 50제곱킬로미터에 해당하는 땅이 바닷속으로 사라졌다. 귀중한 해안가 토지의 손실이 아닐 수 없다. 해수면 상승의 또 다른 영향을 살펴보려면 시간이 꽤 많이 걸린다. 농지에 바닷물이 밀려들고 지하수에 염분이 스며들면 비옥한 토양과 마실 수 있는 물을 영구히 망쳐버린다.

오늘날 지구 인구 4분의 1이 해변에서 100킬로미터 이내의 지역에서 살고 있다. 네덜란드에 설치된 것과 비슷한 제방 시스템을 사용해 오늘날의 기술로 가능한 최상의 보호책을 만든다 해도 해수면 상승은 앞으로 100여 년 동안 수천 명의 보금자리를 앗아갈 것이고, 그보다 수천 명 더 많은 사람이 근방에서 마실 물을 구하지 못하고 인접한 논과 밭에서 농사를 짓지 못할 것이다. 이러한 악영향은 저지대나 침수 지역에서 더 심각하게 나타날 것이며, 너무 가난해서 적절한 건설 공사를 진행할 수 없는 사람들에게 더 큰 해를 입힐 것이다.

강어귀 삼각주가 발달한 방글라데시는 간신히 해수면 위에 자리 잡은 국가다. 방글라데시의 국경선 안에는 미국 인구 절반에 이르는 사람들이 앨라배마주 크기의 땅에서 겨우겨우 삶을 이어가고 있다. 만일 바닷물이 계속해서 차오른다면 방글라데시는 앞으로 30년 동안 20퍼센트의 국토 손실을 겪게 되어 가뜩이나 적은 땅과 부족한 자원에 비해 붐비는 인구로 고민하게 될 것이다. 방글라데시 사람들이 지난 50년 동안 대기 중으로 뿜어낸 이산화탄소는 전 세계 배출량의 1퍼센트가 채 되지 않는데, 그 영향에 대해 가장 비싼 대가를 치러야 하는 상황에 놓인 것이다. 이러한 장면은 쉽게 목격할 수 있다. 화석연료의 사용으로 덕을 보는 사람들과 그 과도한 사용으로 인해 가장 많은 고통을 받는 사람들은 일치하지 않는다.

이산화탄소는 온난화를 통해 바다에 간접적으로만 영향을 주는 것이 아니라, 직접적으로 바닷물에 녹아든다. 톡 쏘는 맛을 내기 위해 콜라에(맛있는 음식에는 코크, 우아!) 이산화탄소를 주입하는 것처럼, 화석연료로부터 만들어진 이산화탄소의 3분의 1은 바다로 흡수된다. 치과의사들은 청량음료를 마시는 것이 치아에 나쁘다고 이야기하는데, 이산화탄소가 물과 만나면 산酸을 만들어 치아의 법랑질을 부식시킨다는 것이 이유 중 하나이다. 같은 일이 바다에서도 일어나는데 바닷물의 산도가 높아지면 전 세계 산호초는 심각하게 훼손되고, 껍질이 있는 해양 동물은 성장은 물론 단단한 외피를 유지하기가 점점 더 힘들어진다. 화석연료를 계속해서 태울수록 더 많은 이산화탄소가 매일매일 대기 중으로 유출되고, 바다로도 유출되는 것이다.

녹아내리는 빙하 이야기로 잠시 돌아가보자. 지난 50년 동안 일어난 해수면 상승의 절반 이상은 녹아내린 빙하가 바닷물에 더해졌기 때문이라는 사실을 기억하는가? 이미 녹아서 대양으로 흘러 들어가 해수면을 높여 수천 명의 보금자리를 빼앗은 얼음의 양은, 미래에 온난화로 인해 녹아내릴 얼음의 5퍼센트가 채 못 되는 것으로 추측된다.

16장에서 이야기한 모든 얼음(말하자면, 전 세계 빙하와 북극해를 덮고 있는 바다 얼음)은 남극 대륙과 그린란드를 덮고 있는 광활한 대륙 빙하에 비하면 아무것도 아니다. 그린란드의 바위투성이 대지를 덮고 있는 얼음이 흔들리기 시작했고, 북극의 나머지 지역과 마찬가지로 매년 수십억 톤의 얼음이 녹고 있다. 다행스럽게 이렇게 녹아내린 물은 대륙 빙하의 표면을 따라 흘러가면서 다시 얼어붙는데, 그중 일부는 분명 바다를 향해 흘러간다.

두께가 1.5킬로미터에 달하고 100만 년 정도 된 남극의 대륙 빙하는 전 세계 얼음의 90퍼센트를 차지한다. 지금까지 우리는 북극에 비해 남극의 얼음은 비교적 덜 녹는다고 생각해왔다. 하지만 이런 상황이 바뀔 수도 있다. 레이더 음파는 태평양 쪽을 향해 넓게 펼쳐져 있는 남극 지역에서 얼음이 벗겨지고 있음을 보여준다. 온난화가 계속되어 남극의 대륙 빙하가 정말로 녹아버린다면, 바다로 흘러 들어가 해수면을 상승시킬 물의 양은 엄청날 것이다.

이산화탄소와 온도, 얼음의 양, 해수면 상승 등에 관한 세계 곳곳의 기록은 단순한 측정을 통해 얻어낸 엄청난 양의 자료인데, 이는 지난 20년 동안의 추세를 명확히 보여준다. 이와 더불어 새로운 각본도 등장했다. 컴퓨터를 켤 때마다 기후변화를 부정하는 이야기가 등장하는데, 아무런 생각도 없고 다듬어지지도 않은 것들이 많다. 한편, 컴퓨터 속에 등장하는 수많은 링크를 클릭하면 기후변화에 관해 필요 이상으로 불안을 선동하는 사람들의 위선과 과장도 확인하게 된다.

마치 우리가 생각하는 것을 대기가 신경 쓰기라도 하는 듯, 우리가 고함을 치면 물이 다시 빙하로 되돌아가기라도 하는 듯, 논쟁에서 이기면 그 자체로 무엇인가를 달성하기라도 하는 듯 두 진영으로 나뉘어서 우리는 인터넷 너머의 상대를 자극한다. 미국은 불행한 커플이 되고 말았다. 양쪽이 너무나 겁에 질린 나머지 그 어떤 종류의 변화도 살피지 못하고 그저 설거지와 빨래에 관한 싸움만 벌이느라 곤경에 빠진 커플 말이다.

그러는 동안 과학자들은 무슨 일이 일어나고 있는지 계속해서 관찰하고 측정을 진행해갔다. 진심으로 하는 이야기인데 그 결과를 보면 아주 엉망이다. 오늘날의 기상학자들은 인디애나 존스나 자크 쿠스토Jacques Cousteau(프랑스의 유명 해양 탐험가-옮긴이)라기보다는 근심 가득한 종양학자라 할 수 있다. 지구는 병들었고 우리는 무언가 심각한 상태임을 알고 있다. 여기는 기온이 올라가고, 저기에서는 빙산이 녹아내리며, 또 다른 저기에서는 홍수가, 허리케인과 눈보라가……. 이런 상황은 정상이 아니기에 확실한 진단과 치료 계획을 세우기 위해 실험이 필요하다. 보기만큼 심하지 않기를 바라지만 정확한 답을 얻기 위해서는 후원과 협조와 약간의 인내심이 필요하다.

대기 중 이산화탄소 농도는 지난 수백만 년 동안의 그 어느 시기보다 높다. 빙하는 녹아내리고 바닷물은 더 높이 차오르며 날씨는 요동치기 시작했다. 우리의 지구는 상태가 좋지 못하다. 그 징후가 걱정스러울 정도이기에 그대로 두면 나아지지 않을 것이다. 행동할 수 있었을 때 그 얼마 안 되는 가능성을 이미 다 써버린 우리에게는 시간이 부족하다. 주위의 많은 것이 이미 사라지기 시작했기 때문에 알 수 있다.

⑱

가혹한
작별 인사

엄청난 실수는 마치 굵은 밧줄처럼,
수많은 가는 가닥이 모여 만들어진다.

— 빅토르 위고(1862)

    2005년 PUCRS의 어류학 실험실 문을 열었을 때, 나는 수없이 많은 죽은 물고기를 만나게 될 것이라고 단단히 준비를 한 상태였다. 내가 미처 대비하지 못한 것은 냄새였다. 말 그대로 뒤로 자빠지기에 충분할 만큼 강렬한 냄새였다. 눈에서는 눈물이 줄줄 흘렀다. 다른 사람이 나에게 말하는 소리를 듣지 못할 정도였다. 압도적인 술 냄새 말고는 아무것에도 집중하기가 불가능했다. 실험실은 마치 보드카 병 속처럼 느껴졌다. 그리고 그 보드카 병은 위스키 욕조에 담긴 채 진으로 된 바다에 가라앉은 것 같았다.

    PUCRS, 폰치피시아 우니베르시다지 카톨리카 두 히우 그란지 두 술The Pontificia Universidade Católica do Rio Grande do

Sul, PUCRS은 브라질 남부 자쿠이강 어귀의 도시 포르투 알레그리에 위치해 있다. 이 대학은 남미의 담수어를 모두 정리해야 하는 거의 불가능한 과업을 진행하기 위해 최고 수준의 해부 실험실을 보유하고 있다. 독특한 생김새로 오늘날 생물학자들의 상상력을 확장시켜주는 나비와 곤충, 꽃과 물고기, 양서류 등으로 가득한 브라질 국경 내 식물계와 동물계의 믿을 수 없는 다양성을 기록으로 남기기 위해 만든 기관 중 하나다.

현재 민물에 사는 열대 물고기로 수천 종의 존재가 알려져 있는데, 그중 절반이 브라질에서 살고 있다. 이런 생물체 중 상당수는 오직 브라질에서만 발견할 수 있는 **고유종**인데, 이는 오늘날처럼 전 세계에서 종의 교란이 일어나는 시대에 보기 드물게 원래 서식지에서만 살아간다는 의미다. 내가 방문한 PUCRS 연구소는 10여 년간 진행되어온 프로젝트에 몰두하고 있었다. 학생들과 박사후과정 연구원들이 팀을 이뤄 브라질 남부와 동부의 강마다 그물을 쳐놓았다. 이런 강에서 수백 종의 물고기를 잡아 연구실로 가져온 후 분류를 거쳐 파일로 만들고는, 완벽한 연구를 통해 충분하게 설명할 수 있을 때까지 그 물고기들을 에탄올 용액 속에 보존해놓는다. 그물로 건져 올린 다양한 물고기들은 아연실색할 정도로 놀라운 것들이었다. 대부분의 과학자에게 새로운 종을 규명하는 것은 경력에서 큰 의미가 있는 일로, 일생에 한 번 있을까 말까 한 경험이다. 그런

데 남미의 과학자들은 평균적으로 나흘에 한 번 새로운 종을 발견한다.

물고기들은 자세한 해부학적 특징이 정리되고 난 후에야 비로소 공식적 집계에 포함된다. 이런 종이 이전에 관찰된 적이 있는지 확인한 뒤, 만일 새로운 종이라면 다른 어떤 종과 가장 연관이 있는지 결정한다. 연구실에는 많은 종의 물고기들이 보관되어 있는데, 그 모든 물고기가 에탄올 용액에 담겨 자신의 순서를 기다리고 있는 모습은 정말이지 기묘한 느낌을 준다. 연구실과 복도, 발코니에 이르기까지 모든 벽을 따라 내 어깨까지 오는 크기의 흰색 플라스틱 통들이 일렬로 늘어서 있다. 각각의 통 뚜껑에는 손잡이가 하나 달려 있는데, 이 손잡이를 잡고 뚜껑을 들어 올리면 마흔 개 이상의 낚싯줄이 딸려 오고 그 끝마다 죽은 물고기가 매달려 있다. 이런 상황이니 투어를 안내해준 여성이 들어 올린 커피 컵 안에 물고기가 떠 있는 것을 보았다 해도 나는 별로 놀라지 않았을 것이다.

"이 모든 물고기를 다 조사할 건가요?" 최근에 잡은 물고기를 확인하기 위해 서류 작업을 시작하는 그녀에게 물어보았다.

"결국 그렇다고 해야겠죠." 컵을 들어 홀짝이며 그 여성이 답했다. "우리는 이미 물고기들이 빠른 속도로 줄어드는 것을 확인했어요." 그녀는 설명을 덧붙였다. "여기서 우리가 하는 일의 많은 부분은 물고기들이 멸종되기 전 적어도 한 번이라도 그 물고기의 얼굴을 확인하는 거예요."

PUCRS 연구소가 브라질 민물고기 목록 작성에 그렇게 많은 자원을 투입하는 데에는 이유가 있다. 그것들이 생태적 탄광에서 카나리아 역할을 하기 때문이다. 담수성 서식지는 다른 서식지와 분명히 구분된다. 담수성 서식지는 지구 표면의 1퍼센트밖에 안 되지만, 생물종 수를 놓고 보면 거기에 전체의 6퍼센트가 산다. 이렇게 빼어난 다양성으로 인해 개체 수의 변화 역시 극적인 특징이 있다. 담수성 서식지에서 멸종 위기에 빠진 종의 숫자는 비율로 볼 때 멸종 위기에 빠진 육지와 바다 생명체의 숫자를 합친 것보다 훨씬 많다.

PUCRS 연구실을 지나 흐르며 구아이바 호수에 머물렀다가 대서양을 향해 달려가는 자쿠이강은 브라질 인구과밀 지역에 자리한 강들이 지닌 전형적인 이야기를 보여준다. 2000년에 도나 프란시스카 댐이 세워지며 자쿠이강은 상류에서 멈추게 되었다. 도나 프란시스카 저수지를 만들기 위해 댐 위쪽 20제곱킬로미터의 땅을 침수시켰는데, 그 결과 500가구 이상이 집을 버리고 새로운 곳으로 이주하게 되었다.

여러 가지 이유로 댐을 만들지만 결국 대부분의 댐이 불러오는 결과는 비슷하다. 이전에 아무것도 없던 상류에 호수가 만들어진다. 농작물에 물을 대고, 가축들의 목을 적셔주고, 공장 안에 있는 각종 기계류를 씻거나 냉각하기 위한 대량의 물을 끌어갈 수 있기에, 고여 있는 호수는 흐르는 강보다 이용이 훨씬 쉽다. 13장에서 설명했다시피, 전기를 일으키기 위해 모아두었던 물을 댐 너머로 방출하기도 한다. 댐은 산업과 농사를 유지하기 위해 만들어지는데, 이렇게 만들어지고 나면 댐은 거의 언제나 더 많은 산업과 농업을 일으키게 된다.

댐이 만들어지면 강 아래쪽의 상황은 완전히 달라지게 된다. 가장 두드러지는 변화는 예전에는 자유롭게 흐르던 강의 유량이 대폭 감소해 물이 아주 일부만 흐른다는 것이다. 일단 유량이 줄어들면 물고기와 곤충, 양서류가 살던 서식처 또한 줄어들게 된다. 개체들이 과하게 모여들고 경쟁이 심해지며 각종 자원이 부족해지면 강에 사는 많은 생물이 죽게 된다. 그렇기 때문에 브라질 생물학 실험실은 흐르는 시간과 다투게 된다. 연구자들은 오늘날 어떤 물고기들이 존재하는지 알기를 원한다. 그렇게 함으로써 내일 어떤 종이 사라졌는지 알 수 있기 때문이다.

특정한 종의 멸종은 지구상에서 어쩔 수 없이 일어나는 자연스러운 과정이다. 새로운 먹이나 서식지의 등장은 적소適所를 만들어낸다. 특정 종의 일부가 특정 환경에 적응할 기술을 익히게 되면 따로 옮겨 나가서 번식을 통해 스스로 무리를 이루는데, 이렇게 해서 오래지않아 새로운 종이 탄생한다. 환경이 변화하거나 더 강력한 경쟁자가 등장해 이런 적소들이 닫혀버리기도 한다. 일단 적소가 사라지면, 여기에 특화된 종은 쇠퇴하다 결국은 사라지게 된다. 고생물학자들은 화석을 품고 있는 암석을 통해 이런 과정을 계속해서 살펴본다. 새로운 종은 계속 나타났다가 또 계속 사라진다. 평균적으로 하나의 종은 1,000만 년 정도 지속된다. 이런 등장과 멸종의 사이클은 30억 년 동안 존재해왔기에 오늘날 존재하는 생물종보다 사라져버린 종이 훨씬 더 많다고 볼 수 있다.

드문 일이긴 하지만, 모든 적소가 한꺼번에 닫히는 바람에 대멸종이라고 알려진 사태가 발생하기도 한다. 지난 5억 년간의 화석은 다섯 차례 생물학적 재앙의 증거를 보여주는데, 그 짧은 기간 동안 현존하던 생물종의 70퍼센트가 한 번에 사라져버렸다. 지구상 가장 최근의 대멸종은 6,600만 년 전 일어났는데 이때 공룡이 다 사라져버렸다. 오늘날 종의 쇠퇴와 멸종의 비율을 고려할 때 여섯 번째 대멸종을 앞두고 있다는 사실에 두려움을 느껴야 할 것이다.

지난 수십 년간 이루어진 생물종에 관한 대규모 연구를 통해 편치 않은 사실을 확인할 수 있다. 모든 새와 나비의 절반 정도에서 개체 수 감소가 이루어지고 있으며 모든 물고기와 식물종 4분의 1도 쇠퇴의 징후를 보인다. 바로 우리 눈앞에서, 먹이사슬의 가장 아래 단계부터 빠르게 생물종의 손실이 시작되고 있다. 우리는 잉엇과의 일종인 식테

일처브thicktail chub, 로키산메뚜기the Rocky Mountain locust, 독도 강치the Japanese sea lion, 검은자라the black softshell turtle, 대극과 식물인 스트링우드나무stringwood tree 등을 포함해 몇몇 종의 개체 수 급감이 멸종으로 이어지는 것을 지켜보지 않았던가.

오늘날 넓은 지역에서 생물종이 감소하는 이유는 단순한데, 바로 서식지의 파괴 때문이다. 도시가 팽창한다는 것은 식물과 동물이 살 곳이 점점 줄어든다는 의미다. 북미와 남미의 역사가 이를 가장 쉽게 설명해준다. 유럽 이주민들은 지난 500년 동안 이곳들을 완벽하게 식민지화했다. 최초의 유럽인이 등장한 이래, 북미와 남미에서 열대우림의 88퍼센트, 산호초의 90퍼센트, 키 큰 풀들로 이루어진 초원의 95퍼센트가 사라졌다. 이런 장소들에 적응해 살았던 모든 생물종도 사라져버렸다. 사람들이 건설한 도시와 교외 지역, 항구, 농지에 새로운 적소가 만들어졌는데, 유럽인들과 함께 들어온 '침입종' 미생물, 곤충, 식물, 동물에게 어울리는 곳이었고 그들이 이런 장소들을 정복해버렸다.

오늘날에 들어 종의 쇠퇴를 가져온 두 번째 이유는 15장에서 이야기한 기후변화다. 극도의 고온으로 인해 박쥐 군락이 완전히 파괴되었고, 극지방의 얼음이 녹으면서 북극곰의 사냥터가 사라졌다. 이산화탄소 농도가 토착종 나무 위를 기어 올라가는 담쟁이덩굴의 성장에 비료 역할을 해주었고, 푸른바다거북은 기온 상승으로 인해 산란한

알이 대부분 암컷으로 부화할 위험에 처해 있다(푸른바다거
북은 산란한 알이 부화하는 동안의 모래 온도가 태어날 새끼의 성별을 결
정한다-옮긴이). 많은 경우, 예전에는 자연 상태였던 곳들이
콘크리트와 아스팔트, 웅덩이, 마당, 안뜰, 울타리와 같은
균일하고 지루한 장소가 되어버렸다. 그 안에서, 원래 살던
원주민인 다양한 토착종을 몰아낸 외래종이 번성을 누리
고 있다.

현재와 같은 전 세계 생물종의 멸종률은 오래된 암석
속 화석을 통해 확인한 배경 소멸률background rate(지구 생물
의 전체 역사에서 소멸한 생물종의 비율-옮긴이)보다 1,000배 높은
수치다. 오늘날의 멸종률로 볼 때, 2050년에는 전 세계 생
물종의 25퍼센트가 멸종할 것으로 예상된다. 이는 대멸종
을 특징짓는 70퍼센트의 3분의 1에 해당하는 수치다.

지질학자들은 대멸종의 이야기를 담고 있는 오래된
암석층에 관해 셀 수 없이 많이 연구하고 이를 기록해왔다.
수백만 년 전 일어난 다섯 번에 걸친 대멸종 기간, 그리고
그 이전과 이후에 쌓여온 지층은 다양하게 연구되고 샘플
로 채취돼 분석되고 기록으로 남았다. 이런 탐구는 특정 환
경 재앙이 각각의 대멸종과 연관되어 있음을 보여준다. 소
행성의 영향, 급작스러운 해수면 변화, 온실가스 배출, 용
암의 분출, 예상치 못한 홍수나 화재 등 그 리스트는 길게
이어질 것이다. 어떤 종이 멸종하면 그 후손 역시 사라지는
것이기에, 대멸종 동안 사라진 화석의 목록을 만드는 것은

지구의 계보를 거슬러 올라가는 일에 꼭 필요한 작업이다.

대멸종과 평범한 멸종을 구분하는 한 가지 중요한 요소는 종의 손실이 얼마나 빠르게 일어났는가다. 배경 소멸이 수백만 년에 걸쳐 일어나는 것에 비해, 대멸종은 전체 종의 상실이 수천 년 사이에 일어난다. 오래전 일어난 대멸종 기간에는 극도로 불안정한 상태가 이어지면서 광범위한 개편을 초래했는데, 오늘날 우리가 경험하기 시작한 상황과 거의 흡사하다.

대멸종이 끝날 무렵이 되자 계통수系統樹의 가지 몇 개가 영원히 사라져버렸지만, 그 후로도 생명은 이어져갔다. 식물은 다시 땅 위를 초록으로 덮었고, 바다에는 생명체들이 다시 늘어났다. 각기 다른 종들이 자리를 차지하고 각기 다른 풍경을 만들어갔다. 시간은 쉬지 않고 앞으로 행진해갔다. 여섯 번째 대멸종 후에도 이 지구상에 생명체는 남아 있을 것이지만, 두 발로 걷고 불도저를 운전하고 비행기를 모는 포유류가 이 세상을 지배할 것이라고 상상하지 못했던 공룡들처럼 우리도 그 후의 일에 관해 상상할 수는 없다.

모든 생물종은 결국 멸종할 것이다. 심지어 우리 인간조차. 이는 자연의 몇 되지 않는 영원한 이치 중 하나다. 지금 이 순간에 관해 말하자면, 아직 기차가 역을 출발하지는 않은 상태다. 아직은 우리가 스스로의 소멸과 관련해 어느 정도 상황을 통제할 수 있다. 말하자면 그 소멸에 시간이 얼마나 걸릴 것인지, 우리 다음 세대와 그다음 세대가 얼마나 고통을 겪을지와 관련해 무언가 영향력을 행사할 수 있다는 말이다. 행동을 취하길 원한다면, 우리가 할 수 있는 일이 의미를 가질 동안에 빨리 시작해야 한다.

⑲

또 다른 페이지

사랑하고 참는 것,
고민의 잔해에서 희망을 만들어낼 때까지
희망을 놓지 않는 것.
– 퍼시 비시 셸리(1818)

온 세상 사람들이 전쟁과 배고픔과 부족함 없이 모두 함께 살아가게 될 것이라고, 내가 어렸을 때 아버지는 이야기했다. 그게 언제냐고 묻자, 확실하지는 않지만 그런 날이 꼭 올 것으로 믿는다고 아버지는 말했다.

그 후 한참 지나, 나는 아버지에게 그때가 언제인지 확실해졌냐고 다시 물었다. 내가 막 아홉 살이 되었을 때였는데, 아버지의 의견을 물어볼 정도로 성숙했지만 아버지의 대답을 듣기에는 아직 어린 상태였을 것이다.

"어떻게 그럴 수가 있죠?" 도무지 믿기지 않아 질문했다. "사람들은 모두 다른 나라에서 살고 서로 다른 언어를 사용하는데 말이에요."

"국경이란 바뀔 수 있단다." 아버지는 차분하게 대답했다. "또 우리는 서로의 언어를 배울 수가 있어." 아버지는 이렇게 덧붙였다. "인간은 무엇이든지 배울 수 있는 종이니까."

나는 막내이자 자식 중 유일한 딸로 아버지 인생에 느지막이 태어났다. 우리가 이런 이야기를 나누었을 때 아버지는 55세였는데, 당신 인생에서 세계지도가 완전히 바뀌는 것을 이미 두 번이나 목격한 상태였다. 하지만 그 때문에 세상을 변화시키는 인간의 능력에 믿음을 보인 것은 아니었다.

아버지가 그렇게 믿은 것은 당시 우리 동네의 모든 사람과 그 자식 세대에게 물리학과 화학, 미적분학과 지질학을 가르치면서 그들이 성장하고 변화하는 것을 확인했기 때문이었다. 아버지가 그렇게 믿은 것은 자신의 인생을 통해 목격한 것들 때문이었다. 라디오의 마술이 텔레비전이 되고, 전보는 전화가 되고, 종이테이프를 사용하던 컴퓨터가 펀치카드를 거쳐 결국에는 인터넷의 마술로 변하는 것을 직접 보았기 때문이었다. 아버지가 그렇게 믿은 것은 자신의 가족 때문이기도 했다. 당신의 자식들에게는 (당신의 할머니와 달리) 출산의 위험을 이겨내고 살아남은 어머니가 있었고, (당신의 부모와 달리) 대학에 진학할 기회가 있었으며, (당신 자신과는 달리) 소아마비의 그림자로부터 자유롭게 성장할 수 있었다.

아버지가 그렇게 믿은 것은 딸인 나를 사랑했기 때문이었고, 아버지 덕분에 나 역시도 그렇게 믿게 되었다. 열심히 일하고 사랑한다면 결국 우리가 가장 바라는 일이 실현될 것이라는, 나의 첫 과학 교사이자 내가 가장 좋아한 과학 교사의 말을 나는 믿었다.

기온이 올라가는 것을 제한하려는, 궁극적으로는 예전처럼 되돌리려는 희망으로 대기 중 이산화탄소 양을 안정화시키고 그 후에는 이를 감축하기 위해 많은 해결책이 제안되었고, 그중 어떤 것은 꽤 유망해 보였다. 대기 중 이산화탄소를 분리해 압축한 후 이를 밀봉해 어뢰 모양의 금속 탱크에 담아 레스토랑의 청량음료 분사기 옆에 세워두는 것이 그런 기술의 예다. 엔지니어들은 이산화탄소를 대기 중에서 추출해 순수한 액체 상태로 압축한 후, 땅속 깊이 이 액체를 분사해 그 결과 이산화탄소가 해저 암석층 사이나 석유 시추공이나 석탄 채굴 후 비어 있는 공동空洞으로 스며들어 영원히 그곳에 머물도록 하는 방법을 제안하기도 했다. 불행히도 이럴 때의 문제는 이산화탄소를 가둬두고 압축, 운반, 주입하는 과정에서 우리가 보상받을 수 있는 것보다 더 많은 에너지가 사용된다는 것이다. 이런 과정을 진행하느라 사용해야 하는 화석연료의 양이 처리 과정을 통해 가둬놓을 수 있는 연소된 화석연료보다 더 많다. 그럼에도 불구하고 몇몇 나라에서는 언젠가는 이 두 가지가 서로 상쇄되도록 '탄소 포집 및 저장법'을 계속 갈고닦고 있다.

이와 비슷하게 기발한 개념 중 하나가 암석 풍화를 촉진해 이산화탄소 문제를 해결하는 방법이다. 매년 대기 중 이산화탄소의 적은 양이 자연스럽게 빗물에 섞여든다. 아주 약한 산성비가 토양으로 조금씩 떨어져 그 속에 자리한 기반암을 녹인다. 과학자들은 화산 광물을 갈아 그 잔해를 인도와 브라질, 동남아시아의 열대우림과 농토에 뿌림으로써 풍화가 이루어질 수 있는 암석의 표면적을 늘리는 방법을 제안하기도 했다. 하지만 탄소 포집과 저장을 위해 수백만 톤의 암석을 곱게 갈고 운반하고 뿌리는 데 사용하는 에너지가 이산화탄소 감소를 통해 얻게 되는 이점과 균형을 이루려면 적어도 몇 세기 정도가 필요할 것이다.

인기 있는 또 다른 해결책 중 하나는 식물의 생장을 자극하는 것인데, 대기 중에서 이산화탄소를 자연스럽게 감소시키고 이를 살아 있는 조직으로 바꾸는 것이다. 땅에 뿌리를 내리고 자라는 나무들과 바닷속에서 자라는 조류들이 바로 이런 일을 한다. 비행기를 타고 하늘을 날 때 발생하는 이산화탄소에 대한 보상으로 나무 심을 돈을 지불하게 만드는 여러 가지 방법이 있다. 숲이 더 많아지는 것을 좋아하지 않는 사람이 어디 있겠는가? 꽤 호소력 있는 발상이지만 수치상으로는 우리가 생각하는 것만큼 기대할 만하지는 않다. 우선 효과가 나타나기까지 시간이 오래 걸린다. 대부분의 경우 씨앗이 싹을 틔워 어엿한 나무로 자라나려면 수십 년이 필요하다. 더 나아가 나무가 계속해서 공기 중 이산화탄소를 세포조직 안으로 받아들이는 것은 아니다. 대부분의 잎사귀와 바늘잎은 매년 땅으로 떨어져 시들어 썩어버리면서 대기 중으로 다시 이산화탄소를 방출한다. 이렇듯 숲 속의 썩은 식물들이 토양으로 돌아갈 때 이산화탄소가 가장 안정적으로 사용되는데, 그 양은 극히 미미하고 새로운 토양이 만들어지려면 수백 년에서 수천 년이 걸린다. 나무를 심어 에너지 사용을 상쇄할 수 있지만, 우리가 살아 있는 동안은 물론이고 우리 자식 세대가 살아 있는 동안에도 효과는 없을 것이다.

더구나 잘려 나간 모든 숲에 나무를 다시 심어 1750년 이후 발생한 모든 삼림 벌채를 되돌릴 수 있다 해도, 이렇게 새로 나무를 심은 숲이 처리할 수 있는 이산화탄소의 양은 기껏해야 오늘날의 화석연료 사용량을 기준으로 20년간 발생량에 지나지 않는다. 아울러 우리는 여기서 급박한 딜레마에 직면하게 되는데, 대부분의 삼림 벌채는 농지를 만들기 위해 진행되기 때문에 숲을 지키려고 하면 농작물을 키울 곳이 없어진다.

가장 가능성 높은 아이디어는 바다 표면에서 자라는 식물을 더욱 풍성하게 키우는 것이다. 태평양에는 주요 영양소가 한두 가지 부족한 넓은 지대가 있는데, 여기서 몇 주 안에 녹조와 식물성 플랑크톤이 거대한 군집을 이루도록 자극할 수 있다. 이 작은 식물들이 죽으면 해저에 가라 앉고, 조직을 구성하고 있던 이산화탄소를 효과적으로 잡아놓게 된다. 열대 바다에 아연이나 인을 함께 뿌리면 해초와 플랑크톤이 풍성해지는데, 이들이 잡아둘 수 있는 이산화탄소의 양이나 그것이 우리가 식량으로 삼고 있는 물고기들을 포함한 바다 생명체들에게 어떤 영향을 미칠지는 아직 확실하지 않다.

지구의 온도를 낮추는 대안적 방법 중 하나는 쏟아지는 태양광의 양을 줄이는 것으로, 지구 대기와 상호작용을 하기 전 태양 에너지를 막는 것이다. 이상적으로 보면 이런 방법은 화석연료 사용에 어떠한 변화도 주지 않고 그 자체로 온도를 낮춰줄 수 있을 듯하다. 열을 반사하기 위해 태양 궤도 안에 거대한 차광막을 치는 것을 포함해 태양 광선을 막는 여러 가지 방법이 등장했는데, 햇빛 뜨거운 날 자동차 앞 유리에 차광막을 놓아두는 것과 비슷한 원리다. 또 다른 아이디어는 대기 중 구름보다 훨씬 높은 곳에 에어로졸 입자를 뿌려놓는 것인데, 1991년 필리핀의 피나투보 화산이 분화했을 때 얇은 안개층이 생겨 거의 2년 내내 지구 일부분의 온도를 1도 정도 낮춰주었던 것과 비슷한 원리다. 이런 방식들은 빠르게 진행할 수 있고 즉시 온도를 낮춰준다는 장점이 있지만, 대단히 위험하다. 대기의 열 균형에 함부로 손을 대면 거의 확실하게 날씨를 교란시키게 되어 강수량이 줄어들고 가뭄이 심해져 전 세계 농업에 영향을 미치게 된다.

해수면 상승을 다루는 데는 이미 암스테르담처럼 도시 설계를 통해 성공적으로 대규모 범람에 대비한 오랜 전통이 있지만, 이러한 방식에는 비용이 많이 들기에 방글라데시처럼 경제적으로 어려운 나라들은 사용하기 어렵다. 앞으로 수 세기에 걸쳐 점점 더 많이 바다로 유입될 듯한, 녹아내리는 극지방의 육빙陸氷을 막을 새로운 건설 공법도 등장했다. 이런 공법에는 그린란드 서쪽에 콘크리트 벽을 쌓아 따뜻한 바닷물이 빙하의 밑부분과 접촉하지 못하도록 예방하는 것도 포함된다.

이보다 더 야심에 넘치는 것은 해저에 고정된 인공섬을 만들어 남극 대륙 서쪽의 빙하 덩어리를 받쳐 올리는 계획이다. 대륙 빙하가 조각나서 녹아내리는 것을 막고 통째로 보존하기 위한 아이디어인 셈이다.

극지방에서 콘크리트와 자갈을 수 톤이나 운반하기 위해 중장비를 사용하면 심각할 정도로 비용이 많이 들겠지만, 200억에서 300억 달러가 드는 홍콩 국제공항이나 수력발전을 위한 중국 싼샤 댐 건설 같은 프로젝트보다는 비용이 덜 든다고 볼 수 있다.

종의 감소라는 위기에 관하여, 인간의 접근과 개발을 막고 서식지를 보호해 멸종을 예방하는 방법에 대해서는 모두가 별다른 관심을 가져본 적이 없다. 지구 육지 면적의 13퍼센트가량은 어느 정도 법적 보호가 이루어지는데,

40년 전 보호되던 면적에 비해 세 배 이상이 늘어난 상태다. 생태학자들은 이런 보호가 이루어지지 않았더라면 포유류와 조류, 양서류의 멸종률이 20퍼센트 정도 높아졌을 거라고 믿는다. 많은 나라가 어업과 해상 운송으로부터 바다를 지키기 위해 해양 보호구역의 설치를 고려하고 있다.

'생물 다양성의 아버지'라 불리는 E. O. 윌슨Wilson은 지구상 육지의 50퍼센트를 인간의 손길이 닿지 않는 자연 보존 지역으로 제정하는, '지구의 절반half-earth'이라는 이상을 홍보하고 있다. 변화의 궤적을 바꾸는 개인의 잠재력을 결코 과소평가해서는 안 된다. 1977년 미국의 계관시인인 W. S 머윈Merwin은 마우이Maui의 쓰레기 하치장에 나무 심는 일을 시작했다. 40여 년이 흘러 약 8만 제곱미터에 이르는 그 땅에 400종이 넘는 열대성 나무들이 자라고 있는데 가장 심각한 멸종 위기에 처한 야자나무도 그곳에 보존되어 있다. 앞으로 몇 세기 동안 여섯 번째 대멸종을 막고 싶다면 이러한 행동이 필요하다.

위에서 소개한 그 어떤 해결책도 문제의 본질에 접근했거나 우리의 미래에 에너지 절약을 위한 진지한 방향 전환을 가져올 것 같지는 않다. 만일 오늘날 사용되는 모든 연료와 전기가 전 세계 모든 인구에게 공평하게 재분배된다면, 전 세계 1인당 에너지 사용량은 1960년대 스위스의 평균 사용량과 비슷할 것이라고 이 책 10장에서 말한 바 있다. 이런 상상 속 재분배를 막연히 기다리는 대신 북미와 유럽, 일본, 오스트레일리아, 뉴질랜드 등이 지금 바로 행동에 나선다면 전 세계 에너지 사용량이 20퍼센트 정도 감소될 수 있으며 이산화탄소 배출량도 줄어들 것이다.

이런 감소를 위해 필요한 일상의 변화에 대해서는 1인당 에너지 사용량이 가장 많은 미국이 가장 예민하게 느껴야 한다. 미국인 각자가 다섯 번 중 네 번은 항공편 이용을 포기해야 하고, 지금보다 최소 50배 더 멀리 대중교통으로 여행해야 한다. 미국 전체로는 지금 보유 중인 자동차의 30퍼센트를 줄여야 하는데, 그로 인해 화물 운수업이 영향을 받아 우리는 완전히 다른 종류의 제품을 먹고 사들이게 될 것이다.

좋은 소식은 에너지 절약이 반드시 우리 삶의 질을 떨어뜨린다고 생각할 그 어떤 근거도 없다는 것이다. 1965년 스위스의 기대 수명은 오늘날 미국의 기대 수명과 거의 비슷했고 전 세계 평균보다도 높았다. 일하는 날이 적었고 통근하는 거리 또한 짧았다. 그때도 인생이 완벽하진 않았지만, 훨씬 더 적은 화석연료를 사용하면서도 건강한 인생의 기본을 갖추고 있었다.

'행복'이라는 정의하기 어려운 개념을 가장 포괄적으로 측정하고 싶다면, 지난 수십 년간 음식과 연료 소비가 늘어났다고 해서 우리가 더 행복해지지는 않았음을 이해해야 한다. 아니, 오히려 그 반대다. 2017년에 유엔 자문관 제프리 색스Jeffrey Sachs가 이끄는 세계행복협의회Global

Happiness Council는, 2005년 이래 미국인들은 이전보다 더 많이 일하고 더 많이 먹고 더 많이 운전하고 더 많이 소비하는데도 그 어느 때보다 불행하다고 느낀다고 발표했다.

같은 보고서에서 150개국 이상을 대상으로 사회적 지지, 선택의 자유, 관용, 부패하지 않은 정부, 건강한 삶에 대한 기대, 1인당 국민소득 등 행복의 비교문화적 개념의 사회적 근간을 구성하는 여섯 개 요소를 분석했다. 화석연료 사용을 줄이면서도 이런 요소 대부분을 현 상태로 유지하거나 오히려 개선할 수 있다는 것은 말할 필요도 없는 사실이다.

에너지 절약은 그 말이 의미하는 것처럼 어떤 방식으로든 최소한의 노력을 필요로 한다. 이는 손자 세대가 살아남을 수 있는 미래를 위해 우리 자신을 돌이키게 할 강력한 지렛대기도 하다. 하지만 여기에는 한 가지 문제가 있다. 운전을 덜 하고, 덜 먹고, 덜 사고, 덜 만드는 등 무언가를 덜 하는 것으로는 새로운 부를 만들어낼 수 없다는 것이다. 소비를 줄이는 것은 잘 팔리는 새로운 기술을 보여주는 일이 아니고 시장에 새로운 제품을 선보이는 일도 아니므로, 그렇게 할 수 있다는 듯이 행동하는 것은 이치에 맞지 않다. 화석연료 사용에 맞서 '탄소세'를 부과하나 다른 선의의 노력에 금전적으로 보상하는 경제적인 측면의 제안은, 산업적 측면에서 볼 때는 완전히 대척점에 있는 것이라 할 수 있다.

자원 절약이 '풍요의 이야기'를 쓰도록 부추겨온 산업
계와 완전히 불화를 이루지 않는 척하는 것도 소용없고, 지
난 50년 넘게 이어져온 소비의 증가가 **더 많은** 이익, **더 많
은** 수입, **더 많은** 부의 추구와 관계 없는 척하는 것도 소용
없는 일이다. 이런 결합이 문명을 건설하는 유일한 방법인
지 주위를 둘러보고 스스로에게 질문할 때다. 그런 추측이
모두에게 가장 큰 위협이 되기 때문이다. 우리 각자는 언제
어디서 **더 많이** 소비할까 대신 어떻게 **덜** 소비할 수 있을
지 스스로 질문해야 한다. 세상의 모든 비즈니스와 산업계
가 우리를 대신해 이런 질문을 던질 일은 없을 것이기 때
문이다.

　　줄어들지 않는 소비가 초래할 기아와 결핍과 고통의
어두운 불안으로부터 우리를 구해주는 마법 같은 해결책
은 없다. 아무것도 하지 않는 것보다 무엇이라도 하는 것이
언제나 더 나은 것처럼, 화석연료 사용을 줄이기 위해 지
금까지 등장한 모든 기술뿐 아니라 자원 보호를 위한 모든
수단을 강구할 필요가 있다. 과학자들만이 아니라 모든 사
람이 내일에 관해 생각해볼 필요가 있다. 각각의 해결책이
제시하는 가능성뿐 아니라 그 위험에 대해서도 생각해봐
야 하고, 행동할 기회가 있다면 할 수 있는 한 눈을 크게 뜨
고 충분한 이해를 바탕으로 행동해야 한다.

　　우리 모두가 공유하는 유일한 대상인 지구는 정치적
공방의 볼모가 되고 말았으며, 기후변화는 양쪽에서 내던

지는 무기가 되었다. 특히 과학자들이 보기에는, 정치적 불화와 양극화 때문에 우리가 구하려 애쓰는 이 지구가 심각한 해를 입고 있다. 우리가 무엇을 하고 있는가는 우리 **모두**가 무얼 하고 있는가보다 더 중요하지는 않을 것이다. '우리 모두'라는 말에 나와 여러분이 언제나 포함되어 있고 앞으로도 그럴 거라는 사실을 굳이 언급할 필요가 있을까? 우리 모두는 이 세상에서 일어나는 일들의 한 부분이다. 우리가 그런 일들에 대해 어떻게 느끼는가와 상관없이, 개인적으로 그런 일들을 '믿거나' 혹은 '부정하거나'와 상관없이 말이다. 환경 문제에 대해 옳은 쪽에 서 있다고, 기후변화 문제에 확신을 갖고 있다고 스스로 생각한다 해도, 당신이 논쟁을 벌이는 상대 쪽 사람들과 마찬가지로, 아니 그보다 훨씬 더 많이 이 지구를 망치고 있을 가능성도 있다. 겸손함으로 부드러워진 노력이 고결함으로 무장한 노력보다 우리를 훨씬 더 멀리 데려가줄 수 있다.

이런 내용을 가르치는 동안 매년 적어도 학생 한 명은 데이터에 압도된 채 내 사무실로 찾아와 이 지구에 희망이라는 것이 있냐고 묻곤 했다. 여기 내가 한 대답을 소개한다.

물론 희망은 있지. 우리에게 희망이 있다고 나는 강하게 믿는데, 네가 그 희망을 스스로 지켜갈 수 있다면 좋겠구나.

이런 문제에 관심을 기울이는 사람들로 내 삶이 채워져 있어서 나는 희망을 갖게 된다. 내가 아는 가장 똑똑한 사람들은 우리에게 더 많은 것을 알려줄 데이터를 모으느라 자신의 인생을 바치고 있다. 오늘날에도 많은 사람이 아침 일찍 연구실에 나와 늦게까지 머물며 해수면 상승과 온도 상승과 극지방 해빙의 정확한 규모를 측정하기 위해 노력하고 있다. 그들은 현장으로 걸어 들어가 무엇이 존재하고 무엇이 더 이상 존재하지 않는지 확인한다. 이런 패턴을 처음으로 발견한 생태학자들은 오늘날 우리가 매일 사용하는 컴퓨터나 장비에 대해 상상할 수 없었을 것이다. 우리는 열심히 관찰하고 일하지, 그저 걱정만 하고 있지는 않는다. 결국 기상학은 과학의 일부인데, 과학은 지금까지 그래왔던 것과 마찬가지 상황에 놓여 있다. 많은 일을 해야 하고 연구비는 모자라지만, 이 모든 것을 알아내는 일을 중단하는 데에는 확고한 거부 의사를 밝히고 있다.

우리는 혼자가 아니라는 사실을 역사가 알려주어서 나는 희망을 갖게 된다. 지난 수백 년간 여성들과 남성들은 우물을 감염시키고, 농작물을 망치고, 사랑하는 사람을 빼앗아 가는 강력한 힘에 무기력하게 분노해왔다. 누군가는 그들의 과학을 미신이라고 깎아내릴 수도 있겠지만, 그것은 당대 최신의 관찰과 진지한 결론에 기반을 둔 것이었다. 유전적으로 우리는 그때의 사람들보다 더 똑똑한 것은 아니어서 비슷한 암흑 속에서 애쓰고 있다. 그 뒤를 이은 수백 년 동안 그렇게 오랜 역병 중 가장 강력한 것에 대해서도 이해할 수 없는 해결책들이 등장했는데, 그것이 많은 사람에게 너무 늦게 도착한 것일 수도 있지만 모두에게 너무 늦었다고 말할 수는 없다.

사람들에게 자신의 삶에 관해서 생각해보라고 질문할 때, 이 대화의 가장 힘든 부분에 도달하게 된다.

나는 사람들에게 계속 상기시킨다. 우리는 강하고 또 운도 좋다고. 지구는 너무 적은 자원을 놓고 살아남으려 애쓰는 많은 사람의 집이기도 하다. 우리가 식량과 안식처, 깨끗한 물을 누리는 집단이라는 사실은 지금껏 우리가 위태롭게 만들어온 세상을 포기하지 말아야 할 의무가 있다는 의미이기도 하다. 무언가 알고 있다는 것은 그만큼 책임이 있다는 말이다.

나는 사람들에게 묻는다. 만일 당신에게, 당신 부모보다 10년 더 살 수 있다면 무엇을 하겠는가? 자원의 대부분을 소비하는 지구상 20퍼센트에 해당하는 우리는 소비의 해독解毒을 시작해야만 한다. 그러지 않으면 절대로 상황이 나아지지 않을 것이다. 우리 자신의 삶을 살펴보자. 우리가 하는 일 중에 가장 에너지를 많이 사용하는 것이 무엇인지 알고 있는가? 그런 행동을 바꿀 의향이 있는가? 우리 스스로를 바꾸지 못한다면 사회제도를 바꿀 수 없을 것이다.

다른 무엇보다 한 가지를 강조하고 싶다. **희망을 가지려면 용기가 필요하다.** 지구의 변화에 대해 우리가 무엇을 하는가도 중요하지만, 강의실은 물론 강의실을 넘어선 곳에서 이런 변화에 대해 어떻게 이야기하는가도 중요하다. 우리가 지구를 오염시켰고 그래서 지구가 우리를 거부했다는 메시지에 놀라 온몸이 굳어버릴 위험을 무릅써야 한다. 우리가 아는 한, 지구는 여전히 우리 인류의 영원한 집이고 우리 아이들 세대도 이곳을 떠나 살 수 없다. 냉혹한 풍요의 이야기로부터 시작된 지금 상태를 이해하면서, 앞으로 나아가야 하고 우리가 만들어놓은 세계 안에서 살아가야 한다. 서로에게 친절하게 대하는 것으로 이 과정을 조금 더 쉽게 만들 수 있다.

나는 사람들에게 경고를 하기도 한다. 게으른 허무주의에 유혹당해서는 안 된다고. 한 가지 해결책이 우리를 구해주는 것이 아니기에 우리가 하는 모든 일이 중요하다. 우리가 먹는 모든 끼니, 우리가 여행하는 모든 여정, 우리가 쓰는 한 푼에 지난번보다 에너지가 더 사용되는지 덜 사용되는지를 고민하며 선택해야 한다. 우리는 힘을 갖고 있다. 그 힘을 어떻게 사용할 것인가?

후기 산업사회를 맞아 우리의 이상과 일치하는 세계를 상상할 때다. 우리 자신과 다른 사람을 먹이고 안전하게 보호해야 하는데, 모든 것이 검토 중이다. 30억 사람들이 할 수 없었던 것을 70억 사람들은 할 수 있을까? 이것이 지금까지 내 인생의 질문이다. 우리는 곤경에 처해 있고 완벽하지도 않지만, 수가 많고 또 스스로 믿는 만큼의 존재가 되도록 운명 지어졌다. 낭비, 빈곤, 재난과 산업, 승리와 패배 등 우리의 역사책에는 많은 이야기가 담겨 있다. 하지만 거기에는 아직 **우리**의 이야기는 담겨 있지 않다. 우리 앞에 새로운 세기가 펼쳐져 있고 새로운 이야기는 아직 쓰여지지 않았다. 모든 작가가 이야기하듯, 비어 있는 페이지로부터 갑자기 등장할 새로운 가능성만큼 스릴 넘치는 것도 없고 그만큼 두려운 것도 없다.

지구의 풍요를 위하여

The Story of Less

우리를 치유해주는 것은 폭풍이나 회오리바람도 아니고,
군주들이나 귀족들도 아니며, 민주주의도 아니다.
양심에 이야기하는 고요하고 작은 목소리와
우리를 더 폭넓고 현명한 인간애로 이끄는 마음이
우리의 치유가 될 것이다.

— 제임스 러셀 로웰(1884)

I.

당신이
취해야 할 행동

보아야 할 것은
당신의 주위가 아니라 당신의 마음속이다.
- 외젠 들라크루아(1798~1863)

이제 이 모든 내용을 읽은 여러분에게 질문을 하나 하려 한다. 좀 더 밝은 미래를 지닌 공정한 세상에서 살고 싶은가?

만일 그 대답이 "예"라면, 목표로 향하는 데 필수적인 단계에 관해 이야기할 필요가 있다. 로마는 하루아침에 이루어지지 않았고 하루 만에 무너지지도 않았다는 말을 기억하면서 말이다. 대답을 생각해본 후, 가장 가까운 사람들과 이야기를 나누면 꾸준히 행동하는 데 도움이 될 것이다.

Step 1: 나의 가치관을 살펴본다

앞서 열아홉 개의 장을 통해 많은 문제를 소개했다.

그중 자신의 일상과 관련해 가장 공감 가는 것은 무엇인가? 가장 큰 두려움과 가장 강렬한 동경을 불러일으키는 것은 무엇인가? 이 모든 것을 고려한 후 순서를 정리한다. 리스트에서 기아 문제는 어디에 자리하는가? 생물종의 멸종 문제는? 이상기후는? 청정에너지는? 해양 오염은? 동물권은? 대중교통 문제는? 해변 침식은? 건강한 학교 급식은? 국립공원을 지정하고 보호하는 문제는? 유기농법은? 극지방 온난화는? 여성의 건강권은? 그중 어떤 문제는 나에게 특별히 중요하고 다른 어떤 문제는 조금 덜 와닿을 수 있다. 집중할 주제를 하나 정한다. 기꺼이 희생을 감내하게 만들 주제를.

Step 2: 정보를 모은다

일상이 나의 가치 체계에 얼마나 반하는지 살펴보기 위해 나의 습관들과 갖고 있는 물건들을 조사해보자. 얼마나 긴 거리를 운전해 다니는가? 얼마나 자주 비행기를 타는가? 다른 대안은 없는가? 여전히 마실 수 있는데 그저 쏟아버리는 물은 얼마나 되나? 먹을 수 있는 음식물인데 쓰레기로 버리는 양은 얼마나 될까? 고기는 얼마나 많이, 그리고 자주 먹는가? 옷장을 열고 옷에 붙은 태그를 살펴보자. 이 옷은 어디서 만들어졌는가? 이 옷이 나에게 도달하기 위해 얼마나 긴 거리를 이동했을까? 냉장고를 조사해보자. 플라스틱 용기에 담겨 있는 식료품은 얼마나 되나? '천연 감미료', '콘 시럽', '케인 슈가cane sugar', '케인 시럽cane syrup', '말토덱스트린', '과일 주스 농축액', '원당', '흑설탕', '덱스트로스', '글루코스', 'HFCS' 등 가당 성분은 얼마나 많이 함유되어 있나? 근처에 개발과 보호 사이에서 논란이 되고 있는 지역이 있나? 우리 집으로 오는 전기는 어디서 만들어질까? 인근 지역에서 '재생에너지' 시설 건축에 관해 논의가 이루어지고 있는가? 내 차에 넣고 있는 휘발유는 어디서 온 것인가? 그중 에탄올이 있는가? 소비하는 육류 중 어떤 것이 곡류를 가장 많이 농축해 만들어졌는가? 먹고 있는 생선 초밥 중 어떤 것이 양식장에서 키워진 물고기로 만든 것인가?

Step 3: 가치 체계에 합당하게 행동할 수 있을까?

실행할 수 있는 변화를 하나만 골라보자. 자동차를 조금 덜 탈 수 있을까? 비행기를 타고 떠나는 여행을 조금 줄일 수는 없을까? 대중교통을 이용하면 어떨까? 식료품(특히나 사놓았다가 쓰레기가 되어버리는 것)을 40퍼센트 덜 구입하면? 설탕이 든 음식을 피하는 방법은? 매주 육류 섭취를 줄여볼 수 없을까? 플라스틱 제품을 두 번 이상 재사용하는 방법은 없을까? 아니, 세 번 이상 사용은 가능할까? 겨울에는 난방 온도를 조금 내리고 여름에는 냉방 온도를 조금 높인다면 어떨까? 지역에서 만드는 제품을 사용한다면? 조금 덜 사들인다면? 편리함을 조금 **더 많이** 포기한다면?

어떻게 진행되어가는지 일기를 꼭 써보도록 한다. 숫자와 결과를 기록한다. 이렇게 세 단계를 거친 후에는 중요하게 여기는 가치와 관련해 스스로가 훨씬 더 많은 지식을 갖게 되고, 경험도 충분해지고, 겸손해지고, 자부심도 느끼게 될 것이다. 이 모든 것은 다른 사람에게 확신을 전하는데 충분하다고 할 수는 없지만 꼭 필요한 것들이다.

여기까지 왔다면, 여러 가지 이유로 내가 여러분을 정말 자랑스럽게 느낄 것임을 알아주면 좋겠다. 물론 아직 힘든 부분이 남아 있기는 하지만 말이다.

내가 고등학생이었을 때 미네소타주 출신의 한 의사가 일으킨 스캔들이 우리 동네의 작은 신문에까지 실린 적이 있다. 간과 신장 이식으로 유명한 외과 의사가 파파이스 프라이드치킨앤드비스킷 매장의 소유주임이 밝혀진 것이다.

"그 의사, 아주 병 주고 약 주는 식이었더구나." 어머니는 신문을 넘기며 이렇게 비꼬듯 말했다.

그 의사는 기자에게 자신은 건강과 관련해 투자한 것이라고 스스로를 옹호했다 "중요한 것은 쇠고기 등 붉은 육류를 피하는 것인데, 의사로서 닭고기와 생선의 중요성을 강조합니다." 나는 파파이스에 가본 적이 없었는데(우리 작은 마을에는 파파이스 매장이 하나도 없었다), 기자는 파파이스 메뉴들이 다른 유명 햄버거 체인점에서 파는 것과 마찬가지로 포화지방을 많이 함유하고 있다고 확신하는 하버드 대학 교수와 접촉했다. 교수는 그런 음식이 간에는 분명 좋지 않으며 신장에도 문제를 일으킬 수 있다고 했다.

위선과 탐욕은 중서부 사람들이 존경하는 자질이라 할 수 없지만, 그 의사는 여전히 진료를 이어갔다. 〈스타트 리뷴Star Tribune〉을 통해 대중의 웃음거리가 되었지만 아무도 그의 면전에서 그런 말을 하지는 않았다. 오늘날 파파이스는 여전히 사업을 이어가고 있고 그 어느 때보다 많은 돈을 벌고 있다.

이런 스캔들이 벌어졌을 때, 나는 4년이라는 대학교 과정에 대해 생각해보았다. 외과 전문의로서 그 의사는 적어도 8년을 공부했을 것이며, 그 후 몇 년 동안 매일 열두 시간씩 인턴과 레지던트로 수많은 야간 근무를 했을 것이다. 그저 돈에 대한 갈망이 동기의 전부였다면 20년간의 고통스러운 훈련 대신 돈을 벌 수 있는 훨씬 더 편하고 쉬운 방법을 찾을 수 있지 않았을까?

내가 정말로 이해할 수 없었던 것은 왜 그가 직업으로 삼아 매일 하는 일의 가치와 **정면으로 대치되는** 대상에 투자했을까였다. 그는 사람들이 건강하게 살기를 바랐을까, 그렇지 않았을까? 인생의 서약을 통해서는 그렇다고 대답했지만, 그가 축적한 재산은 그렇지 않다고 고함치고 있었다.

20년이 지나, 나 자신이 이와 똑같은 상황에 놓이게

되었다.

2008년에 나의 연구실은 보스턴에서 로스앤젤레스에 이르기까지 맥도날드, 버거킹, 웬디스의 패스트푸드를 화학적으로 분석해 결과를 발표했다. 디트로이트에서 산 샌드위치 속 고기가 덴버, 클리블랜드, 샌프란시스코에서 산 샌드위치 속 고기와 동일한 동위원소를 보여준다는 사실에 놀라지 않을 수 없었다. 솔직하게 말하자면, 네브래스카 어디엔가 한 마리 거대한 닭이 갇혀 있고, 웬디스에서 샌드위치를 한 개 팔 때마다 그 거대한 가슴에서 한 조각씩 살을 잘라낸다는 가설과 거의 흡사한 결과를 얻게 된 것이다.

논문을 통해 우리는 대규모로 생산되는 가축 사료와 도살 전까지 갇혀 지내는 시설 때문에 극도의 균질성이 나타난다고 이야기했다. 그러나 우리가 발표한 논문에 '그러니 정크 푸드는 그만 먹어야 한다'는 문장은 담지 않았고, 패스트푸드 업계가 그리 매력적이지 않다는 정도로만 이야기하고 넘어갔다.

이런 조사 결과를 최고의 학술지에 발표했고 몇몇 매체로부터 관심을 받았기에 나 자신이 꽤 괜찮게 느껴졌다. 개인적으로는 2004년, 임신 8개월 때부터 패스트푸드를 먹지 않았다. 드라이브스루 매장으로 가서 더블치즈베이컨인가 뭔가를 먹어치웠는데 바로 그 후에 심하게 아팠기 때문이었다. 그 이후 패스트푸드에 대한 자제가 설교대로 향하는 나의 길을 깨끗하게 치워준 것 같았고, 적어도 그렇다고 생각했다.

2004년의 햄버거 사건 정확히 한 달 후, 나는 아름다운 아기를 받아 들었고 주위의 모든 사람이 세상의 종말에 대비해, 아기의 대학교 입학에 대비해, 아니면 둘 중 무엇이라도 먼저 오는 것에 대비해 저축—투자—을 시작하라고 강요했다. 우리는 돼지 저금통까지 털어 주식과 채권을 사들였다. 그게 바로 모든 사람이 하는 일이었다. 4년 후 연구를 발표하며 나는 거대 패스트푸드 업체(다른 종류가 있었을까?)에 대한 학구적인 분석에 우쭐해했다. 남편 클린트가 당황해하더니 나에게 알려주었다. "당신, 우리가 그 기업들에 투자한 거 알고 있어?"

Step 4: 자신의 가치관에 합당하게 개인 투자를 할 수 있을까?

위에서 말한 사건에 자극받아 우리 가족은 재정적 정비에 착수했고 이것은 지금까지 계속되고 있다. 갖고 있는 것이 자랑스러운 주식과 갖고 있는 것만으로 굴욕적인 주식을 효과적으로 섞어서 구성하는 인덱스 펀드와 뮤추얼 펀드 덕에 내가 어디에 투자했는지 정확하게 알아내는 것은 시간이 오래 걸린다. 개별 투자 역시 위험으로 가득하다. 만일 '레스토랑 브랜드 인터내셔널'이라는 불분명한 이름이 붙은 'QSR' 주식을 보유하고 있다면, 사실은 팀 호턴스, 버거킹 그리고 파파이스에 투자를 하고 있는 것일 수도 있다(누가 알겠는가?). 인생에서 추구하는 가치와 대치되는 활동을 재정적으로 지원하는 주식을 갖고 있다면, 돈을 빼는 방법도 고려할 수 있다. 알코올중독 치료 전문가인데 테킬라 제조업체가 포함된 뮤추얼 펀드에 가입한 것은 아닐까? 저소득층 주거 문제를 후원하면서 싼 집을 사서 고급 지역으로 개발하는 젠트리피케이션 진행 업체를 지원하는 인덱스 펀드에 투자하지는 않는가?

물론 주식과 채권을 사는 것이 자산을 투자하는 유일한 방법은 아니다. 무언가를 살 때마다 우리는 무언가에 투자를 하고 있는 셈이다. 출근길에 카푸치노 한 잔을 살 때 우리는 카페의 위치와 그 카페가 직원들을 대하는 방식, 커피 원두를 구입하는 방법, 사용하는 우유를 공급하는 젖소들의 생활환경, 모든 원료를 가져오는 운반 체계 등에 투자하는 것이다. 당황스러운 숙제이기는 하지만, 이 리스트에 등장하는 다섯 가지 중 어떤 것이 나의 가치관에 부합하는지 아닌지 생각해보는 것은 중요하다. 기준 중 두 가지를 만족시키는 카페를 후원할 수 있을까? 아니면 세 가지 기준을 만족시키는 곳을 찾아야 할까? 작은 발걸음부터 시작하자. 걷기도 전에 뛸 수 있는 사람은 없으니까.

Step 5: 내가 속한 기관을 나의 가치 체계에 맞게 변화시킬 수 있을까?

이때쯤 되면 변화를 옹호하기 위한 마법의 기준을 갖

게 될 것이다. 아이가 다니는 학교나 가족이 나가는 종교 시설이나 직장으로 가서 책임자들과 이야기를 시작해보자. 나의 가치관과 지금까지 해온 노력과 경험을 공유하자. 상대방들이 이야기하는 제약과 우려에 귀를 기울여보자. 시간을 내준 데 감사를 표시하고, 가치관과 지금까지 해온 노력과 경험을 강조하는 후속 편지를 쓰고, 다시 한 번 약속을 요청해본다. 기관 내에 있는 동료들과도 이야기를 나눈다. 믿고 있는 것들을 계속 반복해서 밝히고 옹호해보자. 시간이 걸리고 인내심도 필요하겠지만 사람들은(정치인이라 해도) 변할 수 있다.

하지만 우리 각자는 70억 명 중 한 명일 뿐이다. 내가 가치관을 바꾸는 것만으로 세상에 변화를 가져올 수 있을까?

II.

당신이
만들어내는 차이

충분히 커다란 지렛대와
지렛대를 놓을 수 있는 땅만 준다면,
이 지구를 들어 올려 보이겠다.
- 아르키메데스(기원전 250년경)

전 지구적 변화에 무엇인가 차이를 가져오려면 가장 커다란 지렛대를 찾아내고 그 지렛대를 어디에 놓을지 살핀 후 있는 힘을 다해 들어 올려야 한다.

좋든 싫든, OECD 회원국의 일원인 우리는 이 책에서 제기한 문제들에 관하여 세상에서 가장 큰 지렛대의 일부분이다. OECD 회원국들에 속한 시민은 지구 전체 인구의 6분의 1밖에 되지 않지만 전 세계 에너지의 3분의 1, 전 세계 전기의 절반을 사용하며, 전 세계 이산화탄소의 3분의 1을 발생시키고 있다. 그뿐 아니라 OECD 회원국들은 전 세계 육류와 설탕의 3분의 1을 소비하고 있다.

어쨌건 미국은 OECD 내에서 단연코 가장 큰 지렛대

이다. 인구가 OECD 국가의 4분의 1(전 세계의 4%)에 해당하는 미국은 OECD 전체 사용 에너지의 절반과 전기의 3분의 1을 소비하며, OECD 국가 이산화탄소 배출량의 절반을 차지하고 있다. 또한 전체 육류 소비 중 3분의 1을, 전체 설탕 소비의 4분의 1을 차지한다.

이 말은 미국과 다른 OECD 국가 시민이 검소함으로 무장하고 한 발 내딛을 경우, 전 세계 소비에 대단한 영향을 미칠 수 있다는 것이다. 사례를 하나 살펴보자.

여러가지 고민을 한 결과 이산화탄소 배출 감소가 중요하다는 신념을 갖게 되었다고 해보자. 정확하게 확인해보면 집에서 사용하는 전기는 마을 다른 쪽에 자리 잡고 석탄을 연료로 사용하는 발전소로부터 온다는 것을 알 수 있다. 우리가 사용하는 에너지의 적어도 20퍼센트는 전기 형태이기 때문에, 전기 제품 사용을 줄임으로써 행동을 취하기로 결심했다고 하자. 이제 구체적으로 어떻게 해야 할까?

시작은 전기 사용과 관련해 집에서 가장 큰 '지렛대'가 무엇인지 확인하는 것이다. 유럽연합에서 모든 새 전자기기는 에너지 효율의 몇 단계를 보여주는 'ENERG' 스티커를 붙인 채 판매되고 있다. 가장 신경 써서 찾아봐야 하는 것은 'kWh/annum'과 함께 쓰인 수치인데, 이 수치는 5인 가족이 1년간 제품을 쓸 때 사용되는 전력의 양을 보여준다. 유럽연합 여러 나라는 업체와 모델을 놓고 이 숫자를 비교함으로써 사람들이 가정에서 에너지 사용의 수준을 선택하고 조정할 수 있도록 했다. 몇몇 미국 기업(예를 들면 GE)은 냉동고와 냉장고 같은 선별된 제품에 'kWh/year'를 표시해 연간 전력 사용량을 알려준다. 이런 정보를 활용하도록 다른 기업들에게도 영향력을 행사할 수 있다.

대부분의 가정과 아파트에서 가장 많은 에너지가 사용되는 것은 전기 온수 장치다. 물을 데우려면 가정에서 사용되는 전체 전력의 절반 정도가 필요하다. 200리터 온수기 대신 80리터 온수기로 바꾸거나 세탁과 설거지, 샤워할 때의 물 온도를 조금 낮춘다면 온수기 전기 사용량을 절반 정도로 줄일 수 있는데, 이는 가정의 전체 전기 사용량을 4분의 1 정도 줄일 수 있다는 말이다.

그다음으로 거대한 지렛대는 넓은 공간을 따뜻하게 덥히거나 시원하게 만드는 히터와 에어컨 등 냉난방 기계들이다. 이것들이 사용하는 전력을 다 합하면 전체 전기료 3분의 1에 해당할 것이다. 추운 날 방 안의 온도가 좀 낮아도, 더운 계절에 온도가 좀 높아도 참을 수 있다면 에너지를 꽤 많이 절약할 수 있다. 에어컨이 그중 조금 더 큰 역할을 한다는 사실을 기억하자. 공간을 시원하게 만들 때에는 방 안의 더운 공기를 훨씬 더 뜨거운 외부로 배출해야 하는데, 엔트로피에 반하여 움직이는 일이기 때문에 더 많은 에너지가 사용된다. 주어진 공간에서 동일한 온도 변화를 달성하는 데 에어컨은 난방기에 비해 두 배의 전기를 사용한다. 며칠 정도 에어컨 없이 생활할 수 있을까? 겨울철에는 난방을 줄일 수 있을까? 이론상 (벽난로와 선풍기로) 이런 난방/냉방의 지렛대를 없앨 수 있다. 이제 당신은 전기 사용량을 총 60퍼센트 정도 낮췄다.

그다음으로 중요한, 집에 존재하는 지렛대들은 작은 공간을 덥히거나 시원하게 만드는 물건들이다. 빨래 건조기, 스토브, 식기세척기, 냉장고, 냉동고 같은 것들을 의미한다. 이런 가전제품에 쓰이는 전기를 모두 합하면 가정에서 쓰는 전기의 15퍼센트 정도 차지한다. 이런 물건들을 좀 덜 쓰거나 사용하는 온도를 조정할 수 있을까? 다시 말하자면 이런 물건들이 엄청난 전기를 사용하는 것은 아니지만, 사소한 작은 것들도 다 모으면 상당한 양이 된다.

이상하게도 사용하지 않을 때면 꺼놓는 텔레비전이나 컴퓨터, 집을 밝히는 전구 등은 전체 전기 사용량에 큰 영향을 미치지 못한다. 60와트짜리 전구를 24시간 내내 1년 동안 켜놓아도 가끔 전기스토브를 사용할 때의 전력에 미치지 못한다. 나 같은 게으름뱅이에게 반갑지 않은 소식은, 이 일련의 약한 지렛대에 진공청소기도 포함되어 있다는 것이다. 매주 한 번씩 진공청소기를 사용하는 대신 매달 한 번씩 진공청소기를 사용한다 해도 1년 동안 사용하는 전체 전기량 중 1퍼센트의 3분의 1도 줄이지 못한다.

그래도 이런 모든 변화를 만들어낸다면 집에서 사용하는 전력을 70퍼센트 가까이 줄일 수 있다. OECD 국가들의 평균 사용량(연간 시간당 10메가와트)에서 내가 계속 노래를 불렀던 1965년 스위스의 평균 사용량 정도로 줄어드는 것이다. 만일 OECD 국가들의 국민 13억 명이 각각 비슷한 희생을 감내한다면, 전 세계 전력 사용량 25퍼센트를 줄이고 화석연료 사용과 이산화탄소 배출 역시 줄일 수 있다.

전기 절약에 별 관심이 없을 수도 있다. 육류 섭취, 음식 폐기물, 자동차 통근, 항공 여행, 살충제 사용 등에 더 관심이 갈 수도 있다. 사명에 상관없이, 나 자신의 집에서 시작해 거기서부터 점점 더 넓게 확대해나가자. 얼마나 놀라운 결과가 나타나는지 알게 된다면 분명 놀랄 것이다.

이것들이 불가능한 것처럼 보일지 모르지만 결핵 퇴치나, 인간을 달에 보내는 것이나, 대륙에 만리장성을 쌓는 일이나, 모든 사람이 평등하다는 사실을 기반으로 나라를 세우는 일이나, 미지의 땅을 찾아 바다를 항해하는 것 모두 처음에는 불가능해 보였다. 이런 도전들은 처음에는 우스꽝스럽고 불가능하게 여겨졌지만 명예롭거나 부끄러운 방책으로 극복되었다고 역사는 가르친다.

대부분의 경우 우리는 수백 년 전 악습을 고치고 과감하게 도전하고 무언가를 만들어낸 사람들만큼 고귀하고 허약하고 결함이 있으며 영리하다. 그들처럼 우리에게도 오직 네 가지 자원만 주어져 있다. 땅, 바다, 하늘, 그리고 우리 서로다. 실패할 가능성을 과대평가하지 않는 것처럼, 성공을 거둘 수 있는 우리의 능력을 과소평가해서도 안 될 것이다.

III.

환경 교리문답

당신이 말하는 것에 관해 측정할 수 있고
그 내용을 숫자로 표현할 수 있다면,
당신은 그것에 관해 무엇인가 아는 것이다.

– 캘빈 경Lord Kelvin(1883)

1969년 이후 전 세계적으로

··· 인구는 두 배가 되었고

··· 아동 사망률은 절반으로 줄어들었으며

··· 평균 기대 수명은 12년 늘어났고

··· 47개 도시가 1,000만 명 넘는 인구를 자랑하게 되었고

··· 곡물 생산량이 세 배로 증가했고

··· 제곱미터당 곡물 수확량이 두 배 이상으로 늘어났으며

··· 농사를 지을 수 있도록 경작한 토지 면적이 10퍼센트
    늘어났고

··· 육류 생산량이 세 배 늘었고

··· 연간 도살되는 가축의 수가 돼지는 세 배, 닭은 여섯

배, 소는 50퍼센트 이상 증가했으며

… 해산물 소비는 세 배가 늘었고

… 바다로부터 잡아들이는 물고기의 수는 두 배가 되었고

… 물고기 양식을 고안해냄으로써 오늘날 먹는 모든 해산물의 절반이 여기에서 나오고 있고

… 해초 생산량은 열 배 증가했는데 그 절반은 하이드로콜로이드 식품 첨가제 형태로 먹고 있으며

… 정백당 소비량은 세 배 증가했고

… 인간이 매일 만들어내는 폐기물은 두 배 이상 늘어났고

… 버려지는 음식 쓰레기가 크게 늘어나 지구상 영양 부족 상태에 놓인 사람들에게 필요한 식량의 양에 맞먹는 상태이고

… 사람들이 매일 사용하는 에너지의 양은 세 배 늘었고

… 사람들이 매일 사용하는 전력의 양은 네 배 증가했으며

… 지구상 인구 20퍼센트가 전 세계에서 생산되는 전력의 절반 이상을 사용하게 되었고

… 전기의 도움을 받지 못하고 사는 전 세계 인구가 10억 명에 이르며

… 비행기 승객은 열 배가 늘어난 데 비해 철도 여행자의 전체 이동 거리는 줄어들었고

… 자동차로 여행하는 거리는 두 배 이상 늘어났고 지구상에는 10억 대가 넘는 차량이 존재하며

… 전 세계 화석연료 사용량은 세 배 정도 늘었고

··· 석탄과 원유 사용량은 두 배, 천연가스 사용량은 세 배가 늘었으며

··· 바이오 연료 발명으로 전 세계 곡류 생산량의 20퍼센트는 이를 생산하는 데 사용되고

··· 플라스틱 생산량은 열 배 늘어났고

··· 새로운 플라스틱이 만들어져 매년 화석연료의 10퍼센트를 잡아먹고 있으며

··· 수력발전으로 만들어지는 전기의 비중은 역대 가장 낮은 수준인 전체 전력의 15퍼센트 미만으로 떨어졌고

··· 원자력발전으로 만들어지는 전기의 비중은 가장 높은 수준인 6퍼센트,

··· 풍력과 태양력 발전에 의한 전기는 매년 만들어지는 전기의 5퍼센트 수준으로 상승했으며

··· 화석연료 사용으로 인해 매년 1조 톤의 이산화탄소가 대기 중으로 방출되고

··· 지구 표면의 평균 온도는 화씨 1도가량 상승했으며

··· 평균 해수면이 10센티미터가량 상승했는데, 그 절반 정도는 산맥과 극지방의 빙하가 녹아내리며 발생한 것이고

··· 모든 양서류 및 새와 나비 종의 절반 이상에서, 모든 어류와 식물 종의 4분의 1에서 개체 수 감소가 일어나고 있다.

IV.
출처와 더 읽을거리

아직 어린아이였고,
아직 명성에 눈먼 바보가 아니었던 나는,
혀 짧은 소리로 숫자를 되뇌었다.
숫자가 나를 찾아왔으니.

– 알렉산더 포프(1734)

이 책을 다 읽고 나서 독자들은 이 저자가 가금류의 사료 요구율, 매니토바 청소년 하키 게임의 개최 시기, 인간이 자는 동안 만들어지는 오줌의 양, 스페인 철도 노동자의 고용 역사(그리고 기타 다른 것들)에 대해 어디서 자료와 정보를 구했을까 궁금해할 것이다. 놀랍게도, 찾아보기만 한다면 자료들은 바로 그곳에 있다! 이 책을 쓰기 위해 자료 조사를 하면서 나는 거의 **모든 것**에 관한 데이터베이스가 존재하고, 더 열심히 찾을수록 검색에 더 능숙해진다는 즐거운 진실을 발견했다. 그래서 이 책을 마치기 전, 내가 이 책을 쓰는 동안 찾아낸 여러 가지 소스는 물론이고 여러분이 스스로 연구할 때 도움이 될 내용을 나누려 한다.

이 책에 소개한 여러 가지 문제에 관해 수업 시간에 이야기를 시작할 때면 오랫동안 월드워치 연구소Worldwatch Institute의 간행물인 〈바이탈 사인Vital Signs〉(특별히 19, 20, 21, 22호)에 의지했다. "우리의 미래를 만드는 트렌드The Trends That Are Shaping Our Future"라는 압축된 형태의 가이드로, 지구의 미래가 어떻게 될 것인지는 물론 지구의 과거에 관심 있는 사람들에게 소중한 읽을거리가 될 것이다. 온실가스 전반에 관해 특히 관심을 갖고 있는 과학자들과 사업가들의 비영리 연대인 '프로젝트 드로다운Project Drawdown'처럼 다양한 기관들이 기후변화 연구 자료를 소개하고 있는데, 내가 이 책에서 소개한 이산화탄소의 기본 정보들을 넘어 다양한 자료를 얻을 수 있다.

여기서 소개한 수치들과 계산을 위해 사용한 수치들은 미국 및 전 세계 공공 데이터와 보고서 자료에서 가져왔다. 인구국Population Division, 통계국Statistics Division, 경제사회국Departments of Economic and Social Affairs, 수산국Fisheries and Aquaculture, 인간정주계획Human Settlements Program, 난민기구Refugee Agency, 세계행복협의회Global Happiness Council뿐 아니라 유네스코UNESCO, 식량농업기구Food and Agriculture Organization, 아동보호기금UNICEF, 세계보건기구WHO 등 유엔의 다양한 기구가 모아놓은 데이터를 광범위하게 사용했다. 다음과 같은 유엔 보고서도 참고했다. "Fish to 2030: Prospects for Fisheries and Aquaculture", "2018 Revision of World Urbanization Prospects", "Frequently Asked Questions on Climate Change and Disaster Displacement", "Food Outlook"(2018), "OECD - FAO Agricultural Outlook 2018 - 2027", "A Guide to the Seaweed Industry."

국제민간항공기구International Civil Aviation Organization, 국제해양탐사협의회International Council for the Exploration of the Sea, 국제에너지기구IEA, 경제협력개발기구OECD, 국제수력발전협회National Hydropower Association, 어업개발기구Organization for the Development of Fisheries, 경제복합성관측소OEC, 세계자동차협회OICA, 국제전분연구소International Starch Institute, 국제철도연합International Union of Railways 등 다른 국제기구에서 발표한 부가적인 자료들도 사용했다. 국제에너지기구는 〈세계 에너지 전망World Energy Outlook〉이라는 유용한 보고서를 발간했고 환경 단체인 천연자원보호협의회Natural Resources Defense Council는 또 다른 자세한 보고서인 〈버려지는 것들Wasted: How America Is Losing Up to 40 Percent of Its Food from Farm to Fork to Landfill〉 (2012)을 발표했다. 세계에너지감시Global Energy Observatory와 갭마인더Gapminder를 비롯해 세계은행World Bank 역시 일련의 데이터를 발표하고 있다.

국제적인 자료를 제공하는 네 곳의 기업은 다음과 같다. 에너지 사용에 관한 편찬 자료를 발표하는 브리티시 페트롤리엄 글로벌British Petroleum Global, 전 세계 콘크리트 댐에 관한 수치를 보유하고 있는 맬컴 던스턴Malcolm Dunstan and Associates, 플라스틱스유럽PlasticsEurope(플라스틱 제조업 협회), 가정에서 사용하는 각종 전자 제품의 에너지 효율에 관한 자료를 소개하는 북유럽 중심의 전자 제품 유통업체인 엘기간텐Elgiganten이다.

기후변화에 관한 정부 간 협의체(IPCC)는 1990년, 1992년(부록), 1995년, 2001년, 2007년, 2014년 보고서를 발행했고 2000년("Emissions Scenarios"), 2012년("Renewable Energy Sources and Climate Change Mitigation", "Managing the Risks of Extreme Events and Disasters to Advance Climate Change Adaptation"), 2018년("Global Warming of 1.5℃"), 2019년("Climate Change and Land", "The Ocean and Cryosphere in a Changing Climate")에 선별된 주제에 관한 특별 보고서를 발행했는데 모든 내용이 이 책을 위한 자료 조사에 유용했다.

이 책에 등장하는 많은 사례는 내가 태어난 나라인 미국에서 가져왔다. 관련된 계산을 위한 데이터는 농무통계국National Agricultural Statistics Service, 농업총조사Census of Agriculture, 경제조사국Economic Research Service, 영양정책진흥센터Center for Nutrition Policy and Promotion뿐 아니라 1935년부터 지금까지 진행한 전미식품조사Nationwide Food Surveys 등 미국 농무부 여러 부서의 자료에서 가져왔다. 데이터를 제공해준 다른 미 연방 독립 단체로는 인구조사National Census, 국립공원관리청National Park Service, 국립공문서관Federal Register of the National Archives, 중앙정보국Central Intelligence

Agency 월드 팩트북World Factbook, 에너지정보청EIA, 미항
공우주국NASA, 지질조사국Geological Survey, 국립농업도서
관National Agricultural Library, 보건통계청NCHS, 미국석유협회
American Petroleum Institute, 미 국무부 역사사무국Office of the
Historian 등이 있다.

미국 과학·공학·의학아카데미The National Academies of
Science, Engineering and Medicine를 통해 "Resources and Man: A
Study and Recommendations"(1969), "Safety of Genetically
Engineered Foods: Approaches to Assessing Unintended
Health Effects"(2004)라는 두 종의 보고서로부터 도움을 받
았다. 미국 환경보호국EPA은 "Pesticide Industry Sales and
Usage: 2008 – 2012 Market Estimates"(2017), "Municipal
Solid Waste Generation, Recycling, and Disposal in the
United States: Facts and Figures for 2012", "Light-Duty
Automotive Technology, Carbon Dioxide Emissions,
and Fuel Economy Trends: 1975 Through 2017", "U.S.
Households' Demand for Convenience Foods", "Sugar
and Sweetener Report"(1976)와 "Sugar and Sweeteners
Yearbook"(1976) 등을 포함한 일련의 의미 있는 보고서
를 간행했다. 또한 미국 농무부의 보고서 "Family Food
Consumption and Dietary Levels for Five Regions"(1941)
와 보건복지부의 "2015 – 2020 Dietary Guidelines for
Americans"(8판)도 참고했다.

각 주와 시의 특정 자료는 필라델피아 시, 아이오와 주립대학교, 미시건주 고속도로 관리부, 미네소타역사협회, 세인트폴 시 공공사업부를 통해 확인했다.

다양한 데이터를 구하는 데에는 현재 나의 집으로 삼고 있는 나라인 노르웨이의 각종 기관과 단체가 큰 도움을 주었다. 통계청, 수산업해안행정부, 석유에너지프로그램, 노르웨이 통산산업부 휘하 모든 부서의 자료를 참고했는데, 노르웨이수산물위원회Norwegian Seafood Federation의 "Aquaculture in Norway", norskpetroleum.no에서 진행한 "Norway's Petroleum History", 노르웨이기후서비스센터Norwegian Centre for Climate Services의 "Sea Level Change for Norway: Past and Present Observations and Projections to 2100" 등 세 건의 보고서 또한 유용했으며 노르웨이 환경청의 보고서 "The Impacts of 1.5°C: A Science Briefing"도 도움이 되었다.

이 책에 등장한 많은 이야기는 PR 뉴스와이어, 로이터, 미국 농무부의 보도 자료를 통해 확인했다. 정기간행물 중 몇몇 기사도 이런 목적으로 사용했다. 중요한 정보를 얻는 데 〈뉴욕타임스〉를 주로 참고했지만 〈애틀랜틱The Atlantic〉, 〈공익과학센터Center for Science in the Public Interest〉, CNN, 〈포브스〉, 〈미니애폴리스스타트리뷴Minneapolis Star Tribune〉, 〈내셔널지오그래픽〉, 〈내셔널리뷰National Review〉, 〈퍼시픽스탠더드Pacific Standard〉, 〈사이언티픽아메리

칸Scientific American〉, 〈스미스소니언Smithsonian〉, 〈배너티페어Vanity Fair〉 그리고 〈워싱턴포스트〉 등 여러 매체의 도움도 받았다.

이 책을 쓰기 위해 자료 조사를 하며, 여기에 다 소개하기 어려울 정도로 다양한 범위의 과학 문헌을 쌓아놓고 참고했다. 다음에 소개하는 학자들의 수많은 작업에 의지했다는 사실을 밝히고 싶다. 조너선 뱀버Jonathan Bamber, 찰스 벤브룩Charles Benbrook, 미뇽 더피Mignon Duffy, 케리 이매뉴얼Kerry Emanuel, 존 하트John Harte, 레이 힐번Ray Hilborn, 아르옌 Y. 회크스트라Arjen Y. Hoekstra, 스베틀라나 예브레예바Svetlana Jevrejeva, 마티 쿠무Matti Kummu, 팀 렌턴Tim Lenton, 다이애나 리버먼Diana Liverman, 캐서린 메이어Katherine Meyer, 스튜어트 핌Stuart Pimm, 배리 폽킨Barry Popkin, 로베르토 E. 레이Roberto E. Reis, 데이비드 B. 로이David B. Roy, 윌리엄 H. 슐레진저William H. Schlesinger, 칼 슐로이스너Carl Schleussner, 데이비드 틸먼David Tilman, 그리고 데이비드 본David Vaughan. 그중 어쩔 수 없이 가장 중요하게 소개한 학자들의 연구 중 두 가지만 고르자면 아래와 같다.

1. New, Mark George, Diana Liverman, Heike Schroeder, and Kevin Anderson. "Four Degrees and Beyond: The Potential for a Global Temperature Increase of Four Degrees and Its Implications." *Philosophical Transactions of the Royal Society A: Mathematical, Physical*

and Engineering Sciences 369, no. 1934 (2011): 6 – 19.

2. Vaughan, Naomi E., and Timothy M. Lenton. "A Review of Climate Geoengineering Proposals." *Climatic Change* 109, nos. 3 – 4 (2011): 745 – 90.

부록에 소개한 패스트푸드에 관한 나의 연구는 아래와 같이 출간되었다.

Jahren, A. Hope, and Rebecca A. Kraft. "Carbon and Nitrogen Stable Isotopes in Fast Food: Signatures of Corn and Confinement." *Proceedings of the National Academy of Sciences of the United States of America* 105, no. 46 (2008): 17855 – 60.

잘못된 데이터로 고생했던 독자들을 위해, 해외와 국내 데이터를 꼼꼼하게 살펴 추려낼 수 있게 각종 소스를 모아놓은 곳들을 추천하고 싶다. 이런 데이터베이스가 내년, 혹은 다음 주에도 계속 존재한다는 보장이 없기에 리서치를 미루지 말라고 간청하고 싶다. 여기 적절한 사례가 있다. 2010년 이후 2년마다 미국 환경보호국에서는 "Climate Change Indicators in the United States"라는 제목으로 보고서를 발표하고 있다. 2010, 2012, 2014, 2016년 보고서는 소중한 공공 자원으로, 일반인이 명쾌하고 정확하게 이해할 수 있도록 최신 과학 연구 결과들을 분석해 멋진 그래픽을 사용해 설명해준다. 2018년에는 보고서를 간행하지 않았는데 이와 관련해서 아무런 설명도 없었다. 내가 아는 한, 미국 환경보호국은 2020년에도 보고서를 낼 계획이 없다. 미국 정보의 리더십과 우선순위에 변화가 생기면서 공공에게 공개하는 데이터의 양과 내용에도 변화가 생겼다.

이 책을 쓰며 세계은행이 운영하는 공개 데이터 사이트(data.worldbank.org)에서 유엔인구국, 아동보호기금, 세계보건기구, 유네스코, IDS, OECD와 다른 기관에서 수집한 인구, 건강, 경제, 교육, 개발 관련 자료를 살피고 다운로드할 수 있었다. 유엔의 국제식량기구FAO는 전 세계 모든 농작물과 가축, 다른 식량 관련 생산과 소비에 대해 보여주는 농업 관련 데이터 파일을 다운받을 수 있는 FAOSTAT 오픈 데이터 사이트(www.fao.org/faostat)를 운영하고 있다.

미국의 경우 내가 사는 곳은 어떤 발전소에서 전기를 공급받는지 확인해보려면 국제에너지기구가 발전소 스케줄을 정리해놓은 포괄적이고 광범위한 발전소 리스트(www.eia.gov/electricity/data/eia923)를 살펴보면 된다. 브리티시페트롤리엄 글로벌은 전기 사용을 재생에너지와 비재생에너지로 구분해놓는 것은 물론 나라별로 석유, 석탄, 가스의 사용과 생산, 보유를 구분한 데이터베이스(www.bp.com/en/global/corporate/energy-economics/statistical-review-of-world-energy.html)를 운영하고 있다. 각국의 연간 수입과 수출에 관한 포괄적 이해를 얻으려면 경제복합성관측소의 사이트

(oec.world/en/profile/country/usa/)를 추천한다. OECD 자료국은 사이트(data.oecd.org)를 통해 OECD 국가들 및 다른 몇몇 나라의 승객과 화물 운송 동향을 확인하고 비교할 수 있게 해준다. 자동차제조협회The Organization of Motor Vehicle Manufacturers의 웹사이트(www.oica.net)에서는 전 세계 자동차와 다른 운송 수단의 제조 및 판매를 보여주는 파일을 내려받을 수 있다.

미국 농무부의 농업통계국 웹사이트(quickstats.nass.usda.gov)에서는 미국 전역을 지역, 주, 분수계, 카운티, 우편번호 등으로 구분해 모든 식물과 동물 생산에 관하여 각 항목마다 수확량이나 산출량을 찾아볼 수 있고, 농업총조사 웹사이트(www.nass.usda.gov/AgCensus/index.php)는 미국 농가의 규모와 상태, 수익 구조를 설명하는 데이터를 제공한다. 미국 농무부는 전 세계 모든 나라의 수입과 수출 관점에서 각 항목의 상황을 소개해주는 해외 농업 서비스(apps.fas.usda.gov/psdonline)도 제공하고 있다. 미국 질병통제예방센터the Centers for Disease Control and Prevention 휘하의 국립보건통계센터The National Center for Health Statistics는 2009년에서 2018년 사이 미국인들의 음식 섭취에 관한 수많은 데이터(www.cdc.gov/nchs/pressroom/calendar/pub_archive.htm)를 제공하고 더 오래된 데이터에 접근하는 방향도 알려준다. 마지막으로 미국 인구조사국은 주거 패턴과 직업별 급여, 통근 시간 등 다양한 분야에서 미국의 인구와 인구통계학적 조사(www.census.gov/

programs-surveys/decennial-census/decade.2010.html)를 실시한다.

　　이 책을 쓸 때 몇 가지 선택을 해야 했는데, 그 선택은 내가 해온 이야기에 영향을 주고 있다. 대부분의 경우 나는 전 세계의 데이터를 다루었는데, 이는 세계적인 차원에서 현재 등장하는 추세를 이야기하고 싶었기 때문이다. 불행하게도 어떤 데이터들은 충분하지 않았다. 전 세계 에너지 관련 200여 국가 중 20개국에 대해서는 그 어떤 데이터도 없었다. 이 20개국의 공통점은 우선 사하라 사막 이남에 있다는 것이고, 둘째로는 1인당 소득이 전 세계 평균의 10퍼센트에 미치지 못하는 가난한 나라라는 것이다. 이런 나라들은 다른 나라들에 비해 상대적으로 적은 에너지를 쓴다고 추측할 수 있는데(당분간은), 이 국가들의 인구를 다 더하면 2억 6,000만 명에 이른다는 것을 기억해야만 한다. 이는 독일, 프랑스, 스페인, 영국의 인구를 더한 것보다 많다.

　　지난 50년간의 추세와 관련해 여성으로서의 경험에 초점을 맞추고 싶었던 사례들이 많이 있었다. 그 이유는 명확하다. 산모 사망률은 여성의 통계에만 적용되기 때문이다. 때로는 훨씬 더 복잡한 문제가 되는데, 젠더의 차이와 그것이 어떻게 인구 증가와 연관되는지는 데이터 분석과 여성이나 어머니로서 내 개인적인 경험을 반영한다.

　　나는 분석을 위해 몇몇 국가를 선정했는데 에너지와 옥수수, 육류, 설탕, 폐기물의 엄청난 생산량과 소비라는 측면에서 미국의 이야기를 했고, 어업의 빠른 진화와 관련해서는 노르웨이를, 토착 생물종의 계속되는 유실이라는 점에서는 브라질의 이야기를 소개했다. 주권국가에는 단일한 경제와 사법 체계가 자리하고 있다고 추정하기 때문에 국가별로 전 세계 데이터를 구분해 살펴보는 것이 편리했다. 예를 들어, 브라질은 삼림이 가장 넓은 국가(이는 러시아다)도 아니고 삼림이 가장 빨리 잠식당하는(이 경우는 인도네시아) 국가도 아니다. 하지만 브라질은 전 세계에서 가장 광범위한 삼림 잠식을 겪고 있는데, 단일 정부의 권한하에 이런 일이 이루어지고 있다. 따라서 브라질의 사법적 혹은 경제적 변화는 삼림지대와 관련한 전 세계 추세에 엄청난 영향을 미치기에, 전 세계 삼림 벌채에 관한 어떤 논의에서도 중요한 위치를 차지한다.

　　주권국가가 단일한 경제와 사법 체계를 지니고 있다는 점이 전 세계 자료를 국가별로 나눠 살펴볼 때 문제가 되기도 한다. 8장(설탕 만들기)과 관련해 자료를 조사하면서 일련의 데이터에서 미국의 흑인과 백인 간에 상당한 차이가 드러났다. 예를 들어 1936년 미 농무부에 따르면, 남동부에 속한 주들에서 '흑인 가정'은 같은 지역의 '백인 농장 운영자' 가구에 비해 70퍼센트의 설탕 사용량을 기록했다. 70년이 지난 2006년, 국립보건통계센터는 당분이 든 음료 형태로 흑인 성인이 백인 성인에 비해 두 배가 되는 설탕을 소비한다고 밝혔다. 이와 비슷하게 미국 여성 취업에 관한 일반 역사는 유색인종 여성의 역사와는 다르다. 집 밖에서 고용된 모든 어머니의 비율은 1976년 30퍼센트에서 1998년 60퍼센트로 두 배가 늘어났는데, 미혼 유색인종 여성(그중 일부는 어머니)이 집 밖에서 고용된 수치는 100년 넘게 60퍼센트 이하로 내려가지 않았다. 미국의 일반적인 설탕 소비 추세와 여성의 노동 참여는 지난 수십 년간 인종에 따라 각기 특별한 경험으로 다르게 나타났다.

철학자인 호세 오르테가 이 가세트José Ortega y Gasset는 1923년 "정의定義란 배제와 부인을 위한 행위다"라고 말했다. 평균적인 추세에 관한 그 어떤 논의는 많은 사람의 경험에 어긋나는 그림을 만들어내며 몇 사람의 이야기만 효과적으로 포함한다. 각각의 국가와 그 부분을 이루는 인구에 집중한 분석을 통해, 이후에 누군가는 내가 지금 여기에 소개한 것보다 더 충만하고 더 세심한 이야기를 구성할 수 있을 것이다.

마지막으로, 내가 해당 분야의 전문적 용어와 역사와 특정 작업에 관해 이해할 수 있도록 이 책의 각 부분을 읽고 도움을 준 수많은 농부, 삼림 노동자, 목동, 어부, 영양학자, 사업가, 공장 노동자, 과학자, 엔지니어에게 감사를 표하고 싶다. 그중 코리 아르헤스Cory Arjes, 엘레나 베넷Elena Bennett, 클린트 콘래드Clint Conrad, 브렌다 데이비Brenda Davy, 맷 도메이어Mat Domeier, 앤디 엘비Andy Elby, 피에르 클라이버Pierre Kleiber, 모지스 밀라조Moses Milazzo, 매슈 밀러Matthew Miller, 폴 리처드Paul Richard, 아돌프 슈미트Adolf Schmidt, 레이

다르 트뢴네스Reidar Trønnes의 관대한 도움에 특별한 감사를 표하고 싶다.

많은 사람이 이 책을 쓰는 동안 용기와 도움을 주었는데, 모두가 나에게는 소중한 사람들이다. 셀 수 없이 자주 티나 베넷Tina Bennett의 가이드에 의지했고 그의 통찰력과 경험에 큰 도움을 받았다. 빈티지 출판사의 내 담당 편집인인 루앤 월서LuAnn Walther는 (아이오와식으로 말하자면) 제대로 나를 이해해주었고, 그래서 정말이지 감사한 마음이다. 로빈 데서Robin Desser와 어설라 도일Ursula Doyle은 사려 깊은 반응과 예리한 안목을 지녀 내가 늘 의지할 수 있는 사람들이었다. 작가라면 누구나 초고를 읽고 작가가 가장 잘할 수 있는 방향으로 이끌어줄 믿을 수 있는 친구가 필요하다. 나에게는 스베틀라나 카츠Svetlana Katz가 바로 그런 사람이다. 35년 전, 코니 루먼Connie Luhmann과 나는 나란히 앉아 칠판을 함께 쓰며 문법과 속기를 배웠다. 두 소녀가 성장해 여전히 함께 문장을 도표로 분석하고 여전히 자매처럼 친하게 지내는 것을 그때는 생각이나 했을까? 에이드리언 니콜 라블랑Adrian Nicole LaBlanc은 집필과 작가 역할에 관해 자신의 지혜와 경험을 관대하게 나눠주었다.

이 프로젝트를 진행하도록 격려해주었지만 그 완성을 살아서 보지 못한 두 사람이 있다. 프레드 두에네비어Fred Duennebier 교수와 프리츠 프리첼Fritz Fritschel 목사는 이 책의 중요성과 필요성을 계속 확인시켜주었고, 저자인 나에 대한 믿음을 보여주었다. 이 두 분을 잃은 상실감은 너무나 크고 이 두 분을 따랐던 것에 대한 자부심도 크다. 다음 책은 언제 나오느냐고 물어봐준 모든 분, 특히 호놀룰루 루터 교회의 많은 분에게 큰 빚을 졌다. 그분들의 관심 덕에 내가 가장 좋아하는 일에 탐닉할 수 있었고, 이 일을 '작업'이라고 부르기까지 할 수 있었다. 감사하다는 말로는 충분치 않을 것이다. 마지막으로, 오슬로의 블린데른베인Blindernveien가와 아팔베인Apalveien가 사이에 있는 배선함에 이런 낙서를 해놓은 누군가에게 고마운 마음을 전한다. "우리는 보이지 않는 신神은 경배하고 눈에 보이는 자연은 학살해버린다. 우리가 학살하는 자연이 사실은 우리가 경배하는 보이지 않는 신인 것을 모르고."

겨울이 춥지 않았고 여름은 덥지 않았다. 간단히 지나갈 장마가 40일 넘게 이어졌고, 폭염이 몰려왔다. 다들 "날씨가 이상해" 하고 말했지만 이상한 것이 아니었다. 그동안 뉴스에서나 보고 책에서나 읽던 기후 변화가 현실로 다가오고 있는 것이니까. 하지만 사람들은 여전히 태평하다. 내일 당장 무언가 크게 잘못되는 것도 아니며, 나와 내 가족에게 바로 문제가 생기는 일도 아니니까.

　나 역시도 태평했다. 냉장고에 한 달쯤은 충분히 먹을 음식을 채워놓았다가 상당 부분을 버리기 일쑤다. 입을 것이 없다며 사들인 옷 대부분은 늘 옷걸이에 걸려 있다. 걷기 귀찮으니 가까운 거리도 그냥 차를 탄다. 겨울이면 후끈할 정도로 온도를 높이고 여름이면 겉옷을 입어야 할 정도로 에어컨을 틀어댄다. 아닌 척했지만 휴지를 한 장 팔랑 뽑아 쓰듯, 지구를 일회용품쯤으로 생각해왔다.

　나와 비슷한 사람들로 세상이 채워진 결과 극지의 얼음은 녹아버렸고 해수면은 상승했으며 대기 중 이산화탄소는 점점 많아졌다. 8억 명이 넘는 사람들이 기아 상태인데 엄청난 양의 곡물이 가축 먹이로, 효율 낮은 자동차 연료로 사용된다. 꺼내 쓸 수 있는 석유와 석탄은 이제 거의 다 써버렸고, 수많은 식물과 동물은 멸종 위기에 놓여 '생명 다양성'은 더 멀어졌다.

더 큰 집과 더 큰 차를 소유하고 더 좋은 음식을 더 많이 먹고 더 멀리 더 자주 여행을 떠나는 삶. 더 부유하고 편하게 살고 싶은 사람들의 이런 마음을 정치가들이 부추기고 있다. 자신이 바로 장밋빛 미래를 가져다줄 사람이라고 자신한다. 어찌 보면 당연한 일이다. 이제 곧 세상이 끝나버릴 것이라는 비관으로는 표를 모을 수 없을 테니까. 하지만 자신이 바꿀 수 있는 미래에 관해서만 이야기하는 정치가의 말에 정신 팔린다면 큰 문제다. 지금처럼 계속된다면 인간은 자신의 서식지를 망치는 유일한 생물종으로 기록에 남게 될 것이다.

우리가 제대로 된 방향으로 가고 있는지 알기 위해서는, 논리적인 검증을 거쳐 정확한 사실을 알려주는 과학자나 빼어난 통찰로 보이지 않는 것들을 감지해내는 시인의 이야기에 귀를 기울여야 할 때가 있다. 호프 자런은《나는 풍요로웠고, 지구는 달라졌다》를 통해 이 두 가지의 역할을 한 번에 해주었다. 1969년 미국 중서부 작은 마을에서 태어나 급격한 산업과 기술 발달을 목격한 개인적인 경험을 바탕으로 우리가 일상에서 바로 확인할 수 있는, 사소하지만 의미 있는 사실들을 지구 생태계와 촘촘하게 연결해

간다. 자연, 환경과 생태, 과학과 관련한 이야기를 친근하고 열정적으로 전달하는 솜씨야 전작인《랩 걸》을 통해 충분히 확인한 바 있다. 하지만 이 책은 인간이 저지르고 있는 어리석은 실수들을 조금은 냉소적으로, 미묘하게 지적하면서 전작과 또 다른 매력을 전한다. 콩과 옥수수가 자라는 모습, 사랑하는 강아지와 함께 산책한 하와이 해변, 얼음 조각을 친구 삼아 다니던 유년의 기억을 따뜻하고 아름답게 그리다가 통계와 자료를 더해 냉정하게 문제를 제기하는 덕에, 기후 변화가 가져올 미래가 훨씬 더 현실적으로, 또 두렵게 느껴졌다. 1960년대에는 레이첼 카슨이 쓴《침묵의 봄》이 살충제가 가져올 생태계의 파괴를 예견했다면, 우리 세대에서는 호프 자런의 이 책이 그런 역할을 맡아줄 수 있을 것 같다.

이 책을 번역하고 나서 일상에서 변화를 만들어보려고 노력하지만 쉽지 않다. 일회용품을 쓰지 않고, 조금 더 춥거나 덥게 살려고 한다. 고기도 덜 먹고 물건을 살 때부터 폐기물을 줄일 방법을 생각한다. 나 혼자 조금 애쓴다고 해봤자 해변의 모래알만큼도 영향을 주지 못할 것이라는 생각에 실망하기도 한다. 그럴 때면 다시 이 책을 펴 들고 읽는다. 작심삼일이라고 해도 열 번 반복하면 한 달이고 그렇게 열두 번을 보내면 일 년. 주위에서 비슷한 생각을 하고 행동할 사람을 열 명 만들어내고 그들이 또다시 함께 행동할 친구를 각자 열 명씩 만들어낸다면, 세상이 조금 변할 수도 있지 않을까. 순진한 생각이라고 해도 별 수 없다. 내가 지금 할 수 있는 일이라고는 그뿐이니까.

세상 많은 사람들이 매일, 매 순간 '더 많이More'라는 만사형통의 주문을 외운다. 길고 긴 시간 더 많이, 더 마음 대로 사는 방식을 선택해왔다면 앞으로는 나와 내 후대와 이 지구를 위해 '더 낫게Better'라는 주문으로 바꿔야 할 때 다. '더 적게Less', 조금 더 불편하게 사는 것을 감내하는 것 이 일상의 시작이자 끝이어야 한다. 이 책은 지난 50년 동 안 나와 당신, 우리 모두가 지구를 어떻게 망쳐놓았는지에 대한 이야기다. 조금 더 시간이 지나면 후회해봤자 소용조 차 없을 문제에 대한 이야기다. 지금 가장 절실하게 우리가 읽어야 할 책이 있다면, 바로 이 책일 것이다.

THE·STORY·OF·MORE